"十四五"时期国家重点出版物出版专项规划项目

"中国山水林田湖草生态产品监测评估及绿色核算"系列丛书

王 兵 ■ 总主编

# 黑河市生态空间绿色核算与生态产品价值评估

李明文 杜鹏飞 梁立东
牛 香 陈 波 梁志强 等 ■ 著

中国林业出版社
China Forestry Publishing House

### 图书在版编目（CIP）数据

黑河市生态空间绿色核算与生态产品价值评估 / 李明文等著. -- 北京：中国林业出版社, 2022.11
（"中国山水林田湖草生态产品监测评估及绿色核算"系列丛书）
ISBN 978-7-5219-1872-4

Ⅰ. ①黑… Ⅱ. ①李… Ⅲ. ①生态经济－经济核算－研究－黑河 Ⅳ. ①F127.353

中国版本图书馆CIP数据核字(2022)第175264号

审图号：黑S（2022）127号

**策划、责任编辑：** 于晓文　于界芬

| | |
|---|---|
| **出版发行** | 中国林业出版社有限公司（100009 北京西城区德内大街刘海胡同7号） |
| **网　　址** | http://www.forestry.gov.cn/lycb.html |
| **电　　话** | (010) 83143542 |
| **印　　刷** | 河北京平诚乾印刷有限公司 |
| **版　　次** | 2022年11月第1版 |
| **印　　次** | 2022年11月第1次印刷 |
| **开　　本** | 889mm×1194mm　1/16 |
| **印　　张** | 11.75 |
| **字　　数** | 300千字 |
| **定　　价** | 98.00元 |

未经许可，不得以任何方式复制或抄袭本书之部分或全部内容。

**版权所有　侵权必究**

# 《黑河市生态空间绿色核算与生态产品价值评估》著者名单

**项目完成单位：**

黑河市林业和草原局

黑河市林业科学院

中国林业科学研究院森林生态环境与自然保护研究所

中国森林生态系统定位观测研究网络（CFERN）

国家林业和草原局典型林业生态工程效益监测评估国家创新联盟

黑龙江黑河森林生态系统国家定位观测研究站

北京市农林科学院

**项目首席科学家：**

王　兵　中国林业科学研究院

**项目组成员：**

| 王　兵 | 牛　香 | 向　进 | 丁国学 | 李明文 | 杜鹏飞 | 梁立东 |
|---|---|---|---|---|---|---|
| 梁志强 | 陈　波 | 卢锦华 | 高裕民 | 李守忠 | 骆媛媛 | 彭　巍 |
| 吴雨涵 | 葛雨奇 | 肖　放 | 张　军 | 王希才 | 宋庆丰 | 王　慧 |
| 李慧杰 | 刘　润 | 许庭毓 | 曹　辉 | 徐福成 | 刘昊源 | 蔡彬彬 |
| 杨胜涛 | 朱蕴超 | 程立超 | 李　博 | 张　丽 | 刘艳玲 | 王永乐 |
| 申婷婷 | 赵桂梅 | 闫　昊 | 梁雪莹 | 于海军 | 周春梅 | 翟静羽 |
| 祝　贺 | 张卫国 | 邱　岩 | 薛利强 | 张鹏飞 | 杨本涛 | 李维娜 |
| 刘　陆 | 刘媛媛 | 潘明哲 | 于子娟 | 房　放 | 王晓娇 | 刘　洋 |
| 张秀华 | 赵晓雪 | 杨雅玲 | 王　洋 | 吴　穹 | 刘　鹏 | 左金媛 |

**编写组成员**（按姓氏笔画排序）：

| 王　兵 | 牛　香 | 杜鹏飞 | 李明文 | 吴雨涵 | 张　军 | 陈　波 |
|---|---|---|---|---|---|---|
| 骆媛媛 | 梁立东 | 彭　巍 | | | | |

# 特别提示

1. 本研究依据森林生态系统连续观测与清查体系（简称：森林生态连清体系），对黑河市开展森林生态产品评估。

2. 评估所采用的数据源包括：①资源连清数据集：依据国家标准《森林资源规划设计调查技术规程》（GB/T 26424—2010）和《土地利用现状分类》（GB/T 21010—2007），由黑龙江省自然资源权益调查监测院（原黑龙江省林业监测规划院）提供的2018年森林资源二类调查数据和2018年湿地、草地资源调查数据。②生态连清数据集：一是黑河市林业科学院依据国家标准《森林生态系统长期定位观测指标体系》（GB/T 35377—2017）和《森林生态系统长期定位观测方法》（GB/T 33027—2016）开展的森林生态连清数据集；二是来源于黑河市所在生态区及其周边区域的森林生态站、湿地生态站、草地生态站以及辅助观测点的长期监测数据。③社会公共数据集：来源于《中国水利年鉴》、《中华人民共和国水利部水利建筑工程预算定额》、农化招商网、中国供应商网、《黑龙江统计年鉴》、《中华人民共和国环境保护税法》等社会公共数据。

3. 森林生态产品评估依据国家标准《森林生态系统服务功能评估规范》（GB/T 38582—2020），针对黑河市16个优势树种（组）生态系统服务功能的4项服务类别（供给服务、调节服务、支持服务、文化服务）开展评估，评估指标包括：保育土壤、林木养分固持、涵养水源、固碳释氧、净化大气环境、森林防护、林木产品供给、生物多样性保护、森林康养9项功能类别及其25项指标类别，并将森林植被滞纳 TSP、$PM_{10}$、$PM_{2.5}$ 指标进行单独核算；湿地生态产品评估选取涵养水源、降解污染、固碳释氧、固土保肥、水生植物养分固持、改善小气候、提供生物栖息地和科研文化游憩8项生态系统服务功能进行评估；草地生态产品评估选取提供产品、生境提供、固碳释氧、涵养水源、废弃物降解、净化大气环境、保育土壤、游憩休闲、草本养分固持 9 项生态系统服务功能进行评估。

4. 当现有的野外观测值不能代表同一生态单元同一目标林分类型的结构或功能时，为更准确获得这些地区生态参数，引入森林生态系统服务修正系数，以反映同一林分类型在同一区域的真实差异。

凡是不符合上述条件的其他研究结果均不宜与本研究结果简单类比。

# 前　言

林草兴则生态兴，生态兴则文明兴。

2022年3月30日，习近平总书记在参加首都义务植树活动时强调，森林是水库、钱库、粮库，现在应该再加上一个"碳库"。此外，森林还是"基因库""氧吧库"。森林和草原对国家生态安全具有基础性、战略性作用。

2021年，习近平总书记在参加全国"两会"内蒙古代表团审议时，对内蒙古大兴安岭森林与湿地生态系统每年6159.74亿元的生态服务价值评估作出肯定，"你提到的这个生态总价值，就是绿色GDP的概念，说明生态本身就是价值。这里面不仅有林木本身的价值，还有绿肺效应，更能带来旅游、林下经济等。'绿水青山就是金山银山'，这实际上是增值的。"习近平总书记的"两山"理念为我国生态文明建设指明了方向。

2021年，中共中央办公厅、国务院办公厅印发的《关于建立健全生态产品价值实现机制的意见》指出，建立健全生态产品价值实现机制，是贯彻落实习近平生态文明思想的重要举措，是践行"绿水青山就是金山银山"理念的关键路径，是从源头上推动生态环境领域国家治理体系和治理能力现代化的必然要求，对推动经济社会全面发展和绿色转型具有重要意义。

2009年，基于第七次全国森林资源清查数据的森林生态系统服务评估结果公布，全国生态服务功能价值量为10.01万亿元/年；2014年，国家林业局和国家统计局联合公布了第二期（第八次森林资源清查数据）全国森林生态系统服务功能总价值量为12.68万亿元/年；2021年3月12日，国家林业和草原局、国家统计局联合发布了"中国森林资源核算"最新成果（第九次森林资源清查），全国森林生态系统服务价值为15.88万亿元；《2021中国林草资源及生态状况》发布，林草湿生态空间生态产品总价值量为28.58万亿元/年，其中，森林16.62万亿元/年，草地8.51万亿元/年，湿地3.45万亿元/年。

# 前 言

目前，碳中和问题成为政府和社会大众关注的热点。在实现碳中和的过程中除了提升工业碳减排能力外，增强生态系统碳汇功能也是主要的手段之一，森林作为陆地生态系统的主体必将担任重要的角色。但是，由于碳汇方法学上的缺陷，我国森林生态系统碳汇能力被低估。为此，中国林业科学研究院王兵研究员首次提出中国森林"全口径碳汇"这一全新理念，即中国森林全口径碳汇＝森林资源碳汇（乔木林碳汇＋竹林碳汇＋特灌林碳汇）＋疏林地碳汇＋未成林造林地碳汇＋非特灌林灌木林碳汇＋苗圃地碳汇＋荒山灌丛碳汇＋城区和乡村绿化散生林木碳汇，我国森林全口径碳汇量为每年 4.34 亿吨碳当量，中和了 2020 年全国碳排放量的 15.91%。近 40 年间，我国森林生态功能显著增强；其中，固碳量、释氧量和吸收气体污染物量实现了倍增，其他各项功能增长幅度也均在 70% 以上，这对我国二氧化碳排放力争 2030 年前达到峰值、2060 年前实现碳中和具有重要作用。

黑河市位于黑龙江省北部，东经 124°45′~129°18′、北纬 47°42′~51°03′ 之间，跨三、四、五、六共四个积温带，属中温带大陆性季风气候。辖嫩江、五大连池、北安、孙吴、逊克、爱辉 3 市 2 县 1 区，代管五大连池风景区，区划面积 68726 平方千米，人口 128.64 万人，有汉族、满族、回族、鄂伦春族、达斡尔族等 39 个民族，是中俄 4374 千米边境线上，唯一一个与俄联邦主体首府相对应的、距离最近、规模最大、规格最高、功能最全、开放最早的中国边境城市；是大小兴安岭的重要组成部分，黑龙江省三大林区之一。根据《全国重要生态保护和修复重大工程总体规划（2021—2035 年）》中的布局，黑河市属于东北森林带，该区域作为我国"两屏三带"生态安全战略格局中东北森林带的重要载体，对调节东北亚地区水循环与局地气候、维护国家生态安全和保障国家木材资源具有重要战略意义。截至 2018 年年底，黑河市林业用地面积为 478.96 万公顷，有林地面积为 336.23 万公顷，全市森林覆盖率 49.79%；湿地总面积 107.50 万公顷，约占全省湿地面积的 1/5；草地总面积 68.43 万公顷，主要分布在爱辉区、嫩江市。

为了客观、动态、科学地评估黑河市森草湿生态空间生态产品价值，准确量化三大生态系统生态产品的物质量和价值量，提升林业在黑河市国民经济和社会发展中的地位，黑河市林业和草原局于 2019 年启动了"黑河市生态空间绿色核算与生态产品价值评估"项目。中国林业科学研究院和黑河市林业科学院根据黑河市森林、湿地、草地资源实际情况，以 2018 年的森林资源二类调查数据和 2018 年湿地、草地资源调查数据为基础，以中国森林生态系统定位观测研究网络（CFERN）和黑河市所在生态区及其周边区域的森林生态站、湿地生态站、草地生态站以及辅助观测点的长期监测数据、国家权威部门发布的公共数据，依据国家标准《森林生态系统服务功能评估规范》（GB/T 38582—2020），林业行业标准《湿地生态系统服务评估规范》（LY/T 2899—2017）以及《草原生态评价技术方案》，采用分布式测算方法，从物质量和价值量两方面，首次对黑河市森林、草地、湿地生态空间生态产品进行了效益评价。本次评估既是一项反映黑河市生态建设成果的工作，也是检验黑河市林草高质量发展最直观、最有效的方法。

截至 2018 年年底，黑河市森林生态产品中涵养水源 87.78 亿立方米/年、固碳释氧 3133.64 万吨/年、提供负离子 $2233.87 \times 10^{22}$ 个/年、吸收气体污染物 47330.89 万千克/年、滞尘 1060.75 亿千克/年。黑河市生态空间生态产品总价值量 4464.82 亿元/年，是 2018 年黑河市 GDP 的 8.84 倍。其中，森林为 3006.09 亿元/年，占黑河市生态空间生态产品总价值量的 67.33%；湿地为 1358.25 亿元/年，占黑河市生态空间生态产品总价值量的 30.42%；草地为 100.48 亿元/年，占黑河市生态空间生态产品总价值量的 2.25%。

评估结果客观反映了黑河市林草生态建设成果，把"绿水青山价值多少金山银山"这笔账核算得更清楚，从而凸显了森林、湿地、草地在黑河市生态环境建设中的主体作用，作为地方有关党政领导干部生态考核评价和自然资产离任审计的重要依据，有助于黑河市开展森林、湿地、草地资源资产负债表的编制，以及推动生态效益科学量化补偿和"生态 GDP"核算体系的构建，进而推进黑河市林草步入生态、经济、社会三大效益相统一的科学发展轨道；有助于统筹山水林田湖草沙一体化保护和修复的总体布局、重点任务、重大工程和政策举措，对于推进生态文明建设、保障国家生态安全具有重要意义；为实现习近平总书记提出的林业工作"三增长"目标提供技术支撑。

著　者

2022年10月

# 目 录

前 言

## 第一章 黑河市森林生态系统连续观测与清查体系
第一节 野外观测技术体系……………………………………………………2
第二节 分布式测算评估体系…………………………………………………4

## 第二章 黑河市地理环境与资源概况
第一节 自然地理………………………………………………………………26
第二节 森林资源………………………………………………………………29
第三节 湿地资源………………………………………………………………33
第四节 草地资源………………………………………………………………39

## 第三章 黑河市森林生态产品物质量评估
第一节 森林生态产品物质量评估结果………………………………………40
第二节 各县（市、区）森林生态产品物质量评估结果……………………46
第三节 主要优势树种（组）生态产品物质量评估结果……………………59

## 第四章 黑河市森林生态产品价值量评估
第一节 各县（市、区）森林生态产品价值量评估结果……………………73
第二节 主要优势树种（组）生态产品价值量评估结果……………………81

## 第五章 黑河市湿地生态产品价值评估
第一节 湿地生态产品价值评估体系…………………………………………89
第二节 湿地生态产品价值评估结果…………………………………………95

## 第六章 黑河市草地生态产品价值评估
第一节 草地生态产品价值评估体系…………………………………………102
第二节 草地生态产品价值评估结果…………………………………………109

## 第七章 黑河市生态空间生态产品综合分析

### 第一节 生态空间生态产品特征分析 ························ 114
### 第二节 生态空间"四库"功能特征分析 ······················ 122
### 第三节 生态效益定量化补偿研究 ························ 125
### 第四节 生态 GDP 核算 ······························ 134
### 第五节 森林资源资产负债表编制研究 ······················ 139
### 第六节 生态产品价值化实现路径设计 ······················ 149

## 参考文献 ······································ 161

## 附 表

表 1 环境保护税税目税额 ····························· 168
表 2 应税污染物和当量值 ····························· 169
表 3 IPCC 推荐使用的生物量转换因子（BEF）················· 173
表 4 不同树种组单木生物量模型及参数 ······················ 173
表 5 黑河市生态空间生态产品价值量评估社会公共数据············ 174

# 第一章 黑河市森林生态系统连续观测与清查体系

黑河市森林生态系统服务功能及价值核算基于黑河市森林生态系统连续观测与清查体系（图 1-1），简称黑河市森林生态连清体系，指以生态地理区划为单位，依托全国现有森林生态系统国家定位观测研究站（简称森林生态站）和黑河市周边林业监测站点，采用长期定位观测技术和分布式测算方法，定期对黑河市森林生态系统服务进行全指标体系观测与清查，它与黑河市森林资源二类调查数据相耦合，评估一定时期和范围内的黑河市森林生态系统服务，进一步了解全市森林生态系统服务的动态变化。

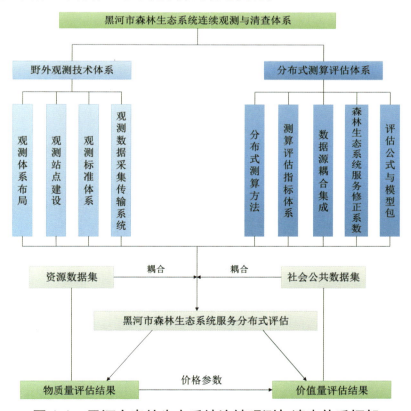

图 1-1　黑河市森林生态系统连续观测与清查体系框架

## 第一节 野外观测技术体系

### 一、黑河市森林生态系统服务监测站布局与建设

野外观测技术体系是构建黑河市森林生态连清体系的重要基础，为了做好这一基础工作，需要考虑如何构架观测体系布局。黑河市森林生态站与周边林业监测站点作为黑河市森林生态系统服务监测平台，在建设时坚持"统一规划、统一布局、统一建设、统一规范、统一标准、资源整合、数据共享"原则。

黑河市森林生态系统服务功能监测站的建设首先要考虑其在区域上的代表性，选择能代表该区域主要林分类型，且能表征土壤、水文及生境等特征，交通、水电等条件相对便利的典型植被区域。为此，本研究团队和黑河市相关部门进行了大量的前期工作，包括科学规划、站点设置、合理性评估等。

黑河市各县（市、区）的自然条件、社会经济发展状况各不相同，因此在监测方法和监测指标上应各有侧重。目前，根据地形地貌以及生态环境特点将黑河市划分为4个区，即黑河市北部大兴安岭地区、东南部小兴安岭地区、西南部松嫩平原地区、中部大小兴安岭过渡地区，对黑河市森林生态系统服务功能监测体系建设进行了详细科学的规划布局。为了保证监测精度和获取足够多的监测数据，需要对其中每个区域进行长期定位监测。

森林生态站作为森林生态系统服务功能监测站，在黑河市森林生态系统服务功能评估中发挥着极其重要的作用。森林生态站包含分布在黑河市内的森林生态站（黑河森林生态站），还包含分布在黑河周边及其处于同一生态区内的森林生态站（大兴安岭地区：漠河森林生态站和嫩江源森林生态站；伊春：小兴安岭森林生态站和凉水森林生态站），同时还利用辅助观测点对数据进行补充和修正。目前的森林生态站和林业辅助监测站点在布局上能够充分体现区位优势和地域特色，兼顾了森林生态站布局在国家和地方等层面的典型性和重要性，目前已形成层次清晰、代表性强的森林生态站网，可以负责相关站点所属区域的森林生态连清工作。

森林生态站网络布局是以典型抽样为指导思想，以全国水热分布和森林立地情况为布局基础，选择具有典型性、代表性和层次性明显的区域完成森林生态站网络布局。首先，依据"中国森林区划"和"中国生态地理区域系统"两大区划体系完成中国森林生态区，并将其作为森林生态站网络布局区划的基础。同时，结合重点生态功能区、生物多样性优先保护区，量化并确定我国重点森林生态站的布局区域。最后，将中国森林生态区和重点森林生态站布局区域相结合，作为森林生态站的布局依据，确保每个森林生态区内至少有一个森林生态站，区内如有重点生态功能区，则优先布设森林生态站。

黑河市内的辅助监测点包括：①林业生态工程生态效益监测点；②黑龙江省自然资源权益调查监测院在黑河市设立的一类资源清查的监测站点；③其他长期固定实验点，如东北林

业大学、黑龙江省林业科学院设立的实验点（黑河市平山林场、爱辉区胜山林场、五大连池风景区）。

借助上述森林生态站以及辅助监测点，可以满足黑河市森林生态系统服务功能监测和科学研究需求。随着政府对生态环境建设形势认识的不断发展，必将建立起黑河市森林生态系统服务功能监测的完备体系，为科学全面地评估黑河市林业建设成效奠定坚实的基础。同时，通过各森林生态系统服务功能监测站点作用长期、稳定的发挥，必将为健全和完善国家生态监测网络，特别是构建完备的林业及其生态建设监测评估体系作出重大贡献（图1-2）。

图1-2 黑河市森林生态系统服务监测站点分布

## 二、黑河市森林生态连清监测评估标准体系

黑河市森林生态连清监测评估所依据的标准体系包括从森林生态系统服务监测站点建设到观测指标、观测方法、数据管理乃至数据应用各个阶段的标准（图1-3）。黑河市森林生态系统服务监测站点建设、观测指标、观测方法、数据管理及数据应用的标准化保证了不同站点所提供黑河市森林生态连清数据的准确性和可比性，为黑河市森林生态系统服务评估的顺利进行提供了保障。

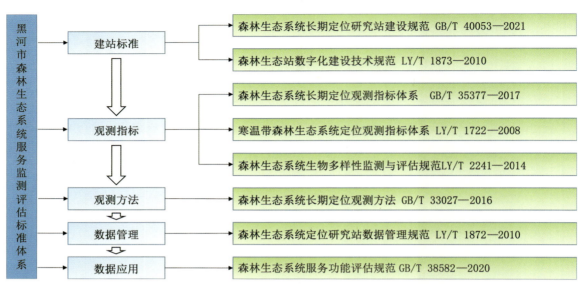

图 1-3 黑河市森林生态系统服务连清监测评估标准体系

## 第二节 分布式测算评估体系

### 一、分布式测算方法

分布式测算源于计算机科学，是研究如何把一项整体复杂的问题分割成相对独立运算的单元，并将这些单元分配给多个计算机进行处理，最后将计算结果综合起来，统一合并得出结论的一种科学计算方法。

森林生态系统服务功能的测算是一项非常庞大、复杂的系统工程，很适合划分成多个均质化的生态测算单元开展评估（牛香等，2012；Niu et al.，2013）。基于分布式测算方法评估黑河市森林生态系统服务功能的具体思路：①按照县（市、区）将黑河市划分为 7 个一级测算单元；②再将每个一级测算单元按照主要优势树种（组）类型划分成 16 个二级测算单元；③每个二级测算单元再按照起源分为天然林和人工林 2 个三级测算单元；④每个三级测算单元再按照林龄组划分为幼龄林、中龄林、近熟林、成熟林、过熟林 5 个四级测算单元，再结合不同立地条件的对比观测，最终确定 560 个相对均质化的生态服务评估单元（图 1-4）。

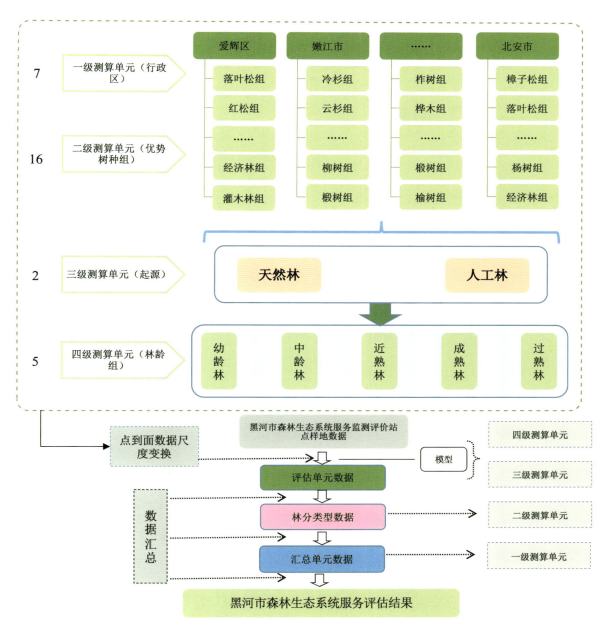

图1-4 黑河市森林生态系统服务分布式测算方法

## 二、监测评估指标体系

依据国家标准《森林生态系统服务功能评估规范》(GB/T 38582—2020)，结合黑河市森林生态系统实际情况，在满足代表性、全面性、简明性、可操作性以及适应性等原则的基础上，通过总结近些年的工作及研究经验，本次评估选取了9项功能25项指标（图1-5）。

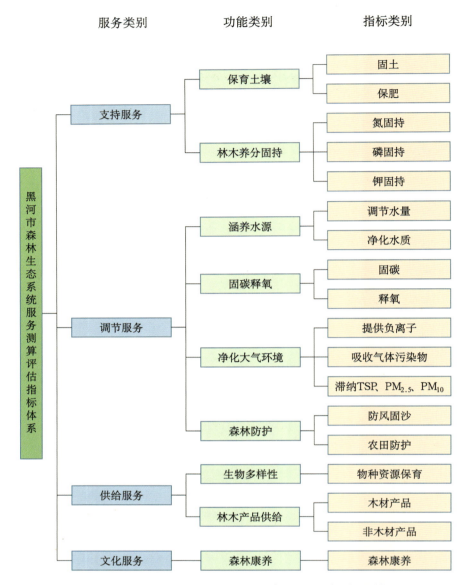

图1-5 黑河市森林生态系统服务测算评估指标体系

### 三、数据来源与集成

黑河市森林生态系统服务功能评估分为物质量和价值量两部分。物质量评估所需数据来源于黑河市森林生态连清数据集和黑河市林业和草原局2018年森林资源调查数据集；价值量评估所需数据除以上两个来源外还包括社会公共数据集（图1-6）。

**图 1-6 数据来源与集成**

主要的数据来源包括以下三部分：

### 1. 黑河市森林生态连清数据集

黑河市森林生态连清数据来源有两个：一是黑河市林业科学院依据国家标准《森林生态系统长期定位观测方法》（GB/T 33027—2016）和《森林生态系统长期定位观测指标体系》（GB/T 35377—2017）在黑河市开展的森林生态连清获取的数据；二是中国森林生态系统定位观测研究网络（CFERN）覆盖黑河市所在生态区及其周边区域的5个森林生态站和9个辅助观测点的长期监测数据。

### 2. 黑河市森林资源连清数据集

黑河市森林资源连清数据集，来源于2018年黑河市森林资源二类调查数据。

### 3. 社会公共数据集

社会公共数据来源于我国权威机构所公布的社会公共数据，包括《中国水利年鉴》《中华人民共和国水利部水利建筑工程预算定额》、农业部信息网（http://www.agri.gov.cn/）、《黑龙江统计年鉴》、《中华人民共和国环境保护税法》中"环境保护税税目税额表"、黑河市物价局网站（http://www.hhmsa.gov.cn/）等。

## 四、森林生态系统服务修正系数

在野外数据观测中，研究人员仅能够得到观测站点附近的实测生态数据，对于无法实地观测到的数据，则需要一种方法对已经获得的参数进行修正，因此引入了森林生态系统服务修正系数（Forest Ecological Services Correction Coefficient，简称FES-CC）。FES-CC指评估林分生物量和实测林分生物量的比值，它反映森林生态服务评估区域森林的生态质量状况，还可以通过森林生态功能的变化修正森林生态服务的变化。

当现有的野外实测值不能代表同一生态单元同一目标林分类型的结构或功能时，就需采用森林生态系统服务修正系数客观地从生态学精度的角度反映同一林分类型在同一区域的真实差异。其理论公式：

$$\text{FES-CC} = \frac{B_e}{B_o} = \frac{\text{BEF} \cdot V}{B_o} \tag{1-1}$$

式中：FES-CC——森林生态系统服务修正系数（以下简称 $F$）；

$B_e$——评估林分的生物量（千克/立方米）；

$B_o$——实测林分的生物量（千克/立方米）；

BEF——蓄积量与生物量的转换因子；

$V$——评估林分的蓄积量（立方米）。

实测林分的生物量可以通过森林生态连清的实测手段来获取，而评估林分的生物量在黑河市森林资源二类调查结果中还没有完全统计。因此，通过评估林分蓄积量和生物量转换因子（BEF，附表1和附表2），测算评估林分的生物量。

### 五、贴现率

黑河市森林生态系统服务全指标体系连续观测与清查体系价值量评估中，由物质量转价值量时，部分价格参数并非评估年价格参数。因此，需要使用贴现率将非评估年份价格参数换算为评估年份价格参数以计算各项功能价值量的现价。

黑河市森林生态系统服务全指标体系连续观测与清查体系价值量评估中所使用的贴现率指将未来现金收益折合成现在收益的比率，贴现率是一种存贷均衡利率，利率的大小，主要根据金融市场利率来决定，其计算公式：

$$t = (D_r + L_r)/2 \tag{1-2}$$

式中：$t$——存贷款均衡利率（%）；

$D_r$——银行的平均存款利率（%）；

$L_r$——银行的平均贷款利率（%）。

贴现率利用存贷款均衡利率，将非评估年份价格参数，逐年贴现至评估年2018年的价格参数。贴现率的计算公式：

$$d = (1 + t_{n+1})(1 + t_{n+2}) \cdots (1 + t_m) \tag{1-3}$$

式中：$d$——贴现率；

$t$——存贷款均衡利率（%）；

$n$——价格参数获得年份（年）；

$m$——评估年年份（年）。

### 六、核算公式与模型包

#### （一）保育土壤

森林凭借庞大的树冠、深厚的枯枝落叶层及强壮且成网络的根系截留大气降水，减少或免遭雨滴对土壤表层的直接冲击，有效地固持土体，降低了地表径流对土壤的冲蚀，使土壤流失量大大降低；并且森林的生长发育及其代谢产物不断对土壤产生物理及化学影响，参与土体内部的能量转换与物质循环，使土壤肥力提高(图1-7)。为此，本研究选用2个指标，即固土指标和保肥指标，以反映森林保育土壤功能。

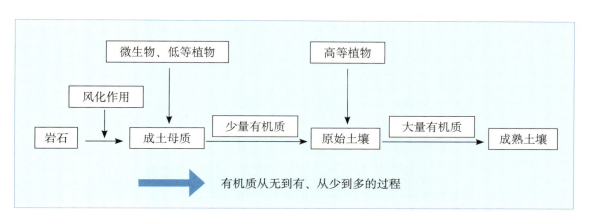

图1-7 植被对土壤形成的作用

**1. 固土指标**

（1）年固土量。林分年固土量公式如下：

$$G_{固土}=A \cdot (X_2-X_1) \cdot F \tag{1-4}$$

式中：$G_{固土}$——评估林分年固土量（吨/年）；

$X_1$——实测林分有林地土壤侵蚀模数[吨/（公顷·年）]；

$X_2$——无林地土壤侵蚀模数[吨/（公顷·年）]；

$A$——林分面积（公顷）；

$F$——森林生态系统服务修正系数。

（2）年固土价值。由于土壤侵蚀流失的泥沙淤积于水库中，减少了水库蓄积水的体积，因此本研究根据蓄水成本（替代工程法）计算林分年固土价值，公式如下：

$$U_{固土}=A \cdot C_土 \cdot (X_2-X_1) \cdot F \cdot d/\rho \tag{1-5}$$

式中：$U_{固土}$——评估林分年固土价值（元/年）；

$X_1$——实测林分有林地土壤侵蚀模数 [吨/（公顷·年）]；

$X_2$——无林地土壤侵蚀模数 [吨/（公顷·年）]；

$C_土$——挖取和运输单位体积土方所需费用（元/立方米，附表5）；

$\rho$——土壤容重（克/立方厘米）；

$A$——林分面积（公顷）；

$F$——森林生态系统服务修正系数；

$d$——贴现率。

### 2. 保肥指标

（1）年保肥量。林分年保肥量公式如下：

$$G_N = A \cdot N \cdot (X_2 - X_1) \cdot F \tag{1-6}$$

$$G_P = A \cdot P \cdot (X_2 - X_1) \cdot F \tag{1-7}$$

$$G_K = A \cdot K \cdot (X_2 - X_1) \cdot F \tag{1-8}$$

$$G_{有机质} = A \cdot M \cdot (X_2 - X_1) \cdot F \tag{1-9}$$

式中：$G_N$——评估林分固持土壤而减少的氮流失量（吨/年）；

$G_P$——评估林分固持土壤而减少的磷流失量（吨/年）；

$G_K$——评估林分固持土壤而减少的钾流失量（吨/年）；

$G_{有机质}$——评估林分固持土壤而减少的有机质流失量（吨/年）；

$X_1$——实测林分有林地土壤侵蚀模数 [吨/（公顷·年）]；

$X_2$——无林地土壤侵蚀模数 [吨/（公顷·年）]；

$N$——实测林分中土壤含氮量（%）；

$P$——实测林分中土壤含磷量（%）；

$K$——实测林分中土壤含钾量（%）；

$M$——实测林分中土壤有机质含量（%）；

$A$——林分面积（公顷）；

$F$——森林生态系统服务修正系数。

（2）年保肥价值。年固土量中氮、磷、钾的物质量换算成化肥价值即为林分年保肥价值。本研究的林分年保肥价值以固土量中的氮、磷、钾数量折合成磷酸二铵化肥和氯化钾化肥的价值来体现。公式如下：

$$U_{肥} = A \cdot (X_2 - X_1) \cdot \left( \frac{N \cdot C_1}{R_1} + \frac{P \cdot C_1}{R_2} + \frac{K \cdot C_2}{R_3} + MC_3 \right) \cdot F \cdot d \tag{1-10}$$

式中：$U_{肥}$——评估林分年保肥价值（元/年）；

$X_1$——实测林分有林地土壤侵蚀模数 [ 吨 /（公顷·年）]；

$X_2$——无林地土壤侵蚀模数 [ 吨 /（公顷·年）]；

$N$——实测林分中土壤含氮量（%）；

$P$——实测林分中土壤含磷量（%）；

$K$——实测林分中土壤含钾量（%）；

$M$——实测林分中土壤有机质含量（%）；

$R_1$——磷酸二铵化肥含氮量（%）；

$R_2$——磷酸二铵化肥含磷量（%）；

$R_3$——氯化钾化肥含钾量（%）；

$C_1$——磷酸二铵化肥价格（元 / 吨）；

$C_2$——氯化钾化肥价格（元 / 吨）；

$C_3$——有机质价格（元 / 吨）；

$A$——林分面积（公顷）；

$F$——森林生态系统服务修正系数；

$d$——贴现率。

### （二）林木养分固持

森林在生长过程中不断从周围环境吸收营养物质，固定在植物体中，成为全球生物化学循环不可缺少的环节。林木养分固持功能首先是维持自身生态系统的养分平衡，其次才是为人类提供生态系统服务功能。林木养分固持功能与固土保肥中的保肥功能，无论从机理、空间部位，还是计算方法上都有本质区别，它属于生物地球化学循环的范畴，而保肥功能是从水土保持的角度考虑，即如果没有这片森林，每年水土流失中也将包含一定量营养物质，属于物理过程。考虑到指标操作的可行性和养分在植物体内的含量，选用林木固持氮、磷、钾指标反映有林地林木养分固持功能。

#### 1. 年林木养分固持量

林木固持氮、磷、钾量公式如下：

$$G_{氮}=A \cdot N_{营养} \cdot B_{年} \cdot F \tag{1-11}$$

$$G_{磷}=A \cdot P_{营养} \cdot B_{年} \cdot F \tag{1-12}$$

$$G_{钾}=A \cdot K_{营养} \cdot B_{年} \cdot F \tag{1-13}$$

式中：$G_{氮}$——评估林分年氮固持量（吨 / 年）；

$G_{磷}$——评估林分年磷固持量（吨 / 年）；

$G_{钾}$——评估林分年钾固持量（吨 / 年）；

$N_{营养}$——实测林木氮元素含量（%）；

$P_{营养}$——实测林木磷元素含量（%）；

$K_{营养}$——实测林木钾元素含量（%）；

$B_{年}$——实测林分年净生产力[吨/（公顷·年）]；

$A$——林分面积（公顷）；

$F$——森林生态系统服务修正系数。

**2. 年林木养分固持价值**

采取把营养物质折合成磷酸二铵化肥和氯化钾化肥方法计算林木养分固持价值，公式如下：

$$U_{营养} = A \cdot B \cdot \left( \frac{N_{营养} \cdot C_1}{R_1} + \frac{P_{营养} \cdot C_1}{R_2} + \frac{K_{营养} \cdot C_2}{R_3} \right) \cdot F \cdot d \tag{1-14}$$

式中：$U_{营养}$——评估林分氮、磷、钾年固持价值（元/年）；

$N_{营养}$——实测林木氮元素含量（%）；

$P_{营养}$——实测林木磷元素含量（%）；

$K_{营养}$——实测林木钾元素含量（%）；

$R_1$——磷酸二铵含氮量（%）；

$R_2$——磷酸二铵含磷量（%）；

$R_3$——氯化钾含钾量（%）；

$C_1$——磷酸二铵化肥价格（元/吨）；

$C_2$——氯化钾化肥价格（元/吨）；

$B$——实测林分年净生产力[吨/（公顷·年）]；

$A$——林分面积（公顷）；

$F$——森林生态系统服务修正系数；

$d$——贴现率。

### （三）涵养水源

森林涵养水源功能主要是指森林对降水的截留、吸收和贮存，将地表水转为地表径流或地下水的作用(图1-8)。主要功能表现在增加可利用水资源、净化水质和调节径流三个方面。本研究选定2个指标，即调节水量指标和净化水质指标，以反映森林的涵养水源功能。

**1. 调节水量指标**

（1）年调节水量。森林生态系统年调节水量公式如下：

$$G_{调} = 10A \cdot (P - E - C) \cdot F \tag{1-15}$$

式中：$G_{调}$——评估林分年调节水量（立方米/年）；

$P$——实测林外降水量（毫米/年）；

$E$——实测林分蒸散量（毫米/年）；

$C$——实测地表快速径流量（毫米/年）；

$A$——林分面积（公顷）；

$F$——森林生态系统服务修正系数。

（2）年调节水量价值。由于森林对水量主要起调节作用，与水库的功能相似。因此，森林生态系统年调节水量价值根据水库工程的蓄水成本（替代工程法）来确定，采用如下公式计算：

$$U_{调}=10C_{库} \cdot A \cdot (P-E-C) \cdot F \cdot d \tag{1-16}$$

式中：$U_{调}$——评估森林年调节水量价值（元/年）；

$C_{库}$——水资源市场交易价格（元/吨）；

$P$——实测林外降水量（毫米/年）；

$E$——实测林分蒸散量（毫米/年）；

$C$——实测地表快速径流量（毫米/年）；

$A$——林分面积（公顷）；

$F$——森林生态系统服务修正系数；

$d$——贴现率。

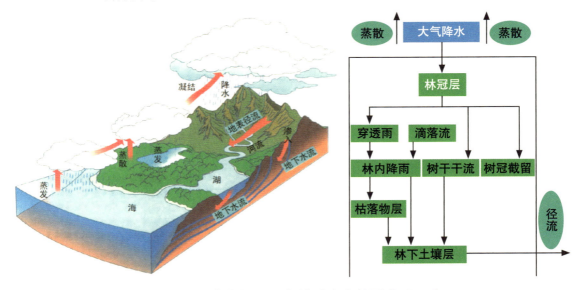

图1-8　全球水循环及森林对降水的再分配示意

### 2. 净化水质指标

（1）年净化水量。森林生态系统年净化水量采用年调节水量的公式：

$$G_{净}=10A \cdot (P-E-C) \cdot F \tag{1-17}$$

式中：$G_\text{净}$——评估林分年净化水量（立方米／年）；

$P$——实测林外降水量（毫米／年）；

$E$——实测林分蒸散量（毫米／年）；

$C$——实测地表快速径流量（毫米／年）；

$A$——林分面积（公顷）；

$F$——森林生态系统服务修正系数。

（2）年净化水质价值。由于森林净化水质与自来水的净化原理一致，所以参照水的商品价格，即居民用水平均价格，根据净化水质工程的成本（替代工程法）计算该区域森林生态系统年净化水质价值。这样也可以在一定程度上引起公众对森林净化水质的物质化和价值化的感性认识。具体计算公式如下：

$$U_\text{水质}=10K_\text{水} \cdot A \cdot (P-E-C) \cdot F \cdot d \tag{1-18}$$

式中：$U_\text{水质}$——评估林分年净化水质价值（元／年）；

$K_\text{水}$——水的净化费用（元／吨，附表5）；

$P$——实测林外降水量（毫米／年）；

$E$——实测林分蒸散量（毫米／年）；

$C$——实测地表快速径流量（毫米／年）；

$A$——林分面积（公顷）；

$F$——森林生态系统服务修正系数；

$d$——贴现率。

### （四）固碳释氧

森林与大气的物质交换主要是二氧化碳与氧气的交换，即森林固定并减少大气中的二氧化碳和提高并增加大气中的氧气（图1-9），这对维持大气中的二氧化碳和氧气动态平衡、减少温室效应以及为人类提供生存的基础都有着巨大的、不可替代的作用（Wang et al., 2013）。因此本研究选用固碳、释氧2个指标反映森林固碳释氧功能。根据光合作用化学反应式，森林植被每积累1.0克干物质，可以吸收1.63克二氧化碳，释放1.19克氧气。

#### 1. 固碳指标

（1）植被和土壤年固碳量。公式如下：

$$G_\text{碳}=A \cdot (1.63R_\text{碳} \cdot B_\text{年}+S_\text{土壤碳}) \cdot F \tag{1-19}$$

式中：$G_\text{碳}$——评估林分年固碳量（吨／年）；

$B_\text{年}$——实测林分年净生产力[吨／（公顷·年）]；

$S_\text{土壤碳}$——单位面积林分土壤年固碳量[吨／（公顷·年）]；

$R_{碳}$——二氧化碳中碳的含量，为27.27%；

$A$——林分面积（公顷）；

$F$——森林生态系统服务修正系数。

公式得出森林植被的潜在年固碳量，再从其中减去由于林木消耗造成的碳量损失，即为森林植被的实际年固碳量。

（2）年固碳价值。森林植被和土壤年固碳价值的计算公式如下：

$$U_{碳}=A \cdot C_{碳} \cdot (1.63R_{碳} \cdot B_{年} + F_{土壤碳}) \cdot F \cdot d \qquad (1\text{-}20)$$

式中：$U_{碳}$——评估林分年固碳价值（元/年）；

$B_{年}$——实测林分年净生产力[吨/（公顷·年）]；

$F_{土壤碳}$——单位面积实测林分土壤年固碳量[吨/（公顷·年）]；

$C_{碳}$——固碳价格（元/吨）；

$R_{碳}$——二氧化碳中碳的含量，为27.27%；

$A$——林分面积（公顷）；

$F$——森林生态系统服务修正系数；

$d$——贴现率。

公式得出森林植被的潜在年固碳价值，再从其中减去由于林木消耗造成的碳量损失，即为森林植被的实际年固碳价值。

图1-9 森林生态系统固碳释氧作用

**2. 释氧指标**

（1）年释氧量。公式如下：

$$G_{氧气}=1.19A \cdot B_{年} \cdot F \qquad (1\text{-}21)$$

式中：$G_{氧气}$——评估林分年释氧量（吨/年）；

$B_{年}$——实测林分年净生产力[吨/（公顷·年）]；

$A$——林分面积（公顷）；

$F$——森林生态系统服务修正系数。

②年释氧价值。因为价值量的评估属经济的范畴，是市场化、货币化的体现，因此本研究采用国家权威部门公布的氧气商品价格计算森林植被的年释氧价值。计算公式如下：

$$U_{氧}=1.19C_{氧}\cdot A\cdot B_{年}\cdot F\cdot d \tag{1-22}$$

式中：$U_{氧}$——评估林分年释氧价值（元/年）；

$B_{年}$——实测林分年净生产力[吨/（公顷·年）]；

$C_{氧}$——制造氧气的价格（元/吨）；

$A$——林分面积（公顷）；

$F$——森林生态系统服务修正系数；

$d$——贴现率。

### (五)净化大气环境

雾霾天气的出现，使空气质量状况成为民众和政府部门关注的焦点，大气颗粒物（如TSP、$PM_{10}$、$PM_{2.5}$）被认为是造成雾霾天气的罪魁。特别$PM_{2.5}$更是由于其对人体健康的严重威胁，成为人们关注的热点。如何控制大气污染、改善空气质量成为众多科学家研究的热点（张维康等，2015；Zhang et al.，2015）。

森林植被能有效吸收有害气体、滞纳粉尘、降低噪音、提供负离子等，从而起到净化大气环境的作用（图1-10）。为此，本研究选取提供负离子、吸收气体污染物、滞纳TSP、$PM_{10}$和$PM_{2.5}$等指标反映森林植被净化大气环境能力。

#### 1. 提供负离子指标

（1）年提供负离子量。公式如下：

$$G_{负离子}=5.256\times 10^{15}Q_{负离子}\cdot A\cdot H\cdot F/L \tag{1-23}$$

式中：$G_{负离子}$——评估林分年提供负离子个数（个/年）；

$Q_{负离子}$——实测林分负离子浓度（个/立方厘米）；

$H$——实测林分高度（米）；

$L$——负离子寿命（分钟）；

$A$——林分面积（公顷）；

$F$——森林生态系统服务修正系数。

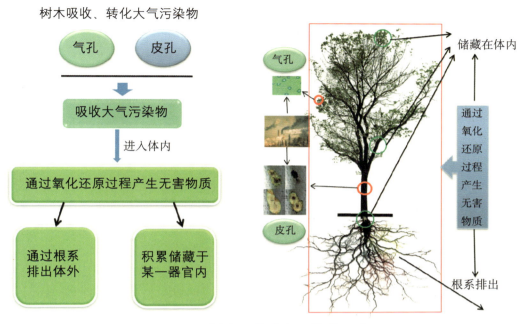

图 1-10　树木吸收空气污染物示意

(2) 年提供负离子价值。国内外研究证明，当空气中负离子达 600 个/立方厘米以上时，才能有益于人体健康，所以林分年提供负离子价值采用如下公式计算：

$$U_{负离子}=5.256\times10^{15}A\cdot H\cdot K_{负离子}\cdot(Q_{负离子}-600)\cdot F\cdot d/L \tag{1-24}$$

式中：$U_{负离子}$——评估林分年提供负离子价值（元/年）；

　　　$K_{负离子}$——负离子生产费用（元/$10^{18}$ 个）；

　　　$Q_{负离子}$——实测林分负离子浓度（个/立方厘米）；

　　　$L$——负离子寿命（分钟）；

　　　$H$——实测林分高度（米）；

　　　$A$——林分面积（公顷）；

　　　$F$——森林生态系统服务修正系数；

　　　$d$——贴现率。

### 2. 吸收污染物指标

二氧化硫、氟化物和氮氧化物是大气污染物的主要物质（图 1-11），因此本研究选取森林植被吸收二氧化硫、氟化物和氮氧化物 3 个指标评估森林植被吸收污染物的能力。森林植被对二氧化硫、氟化物和氮氧化物的吸收，可使用面积—吸收能力法、阈值法、叶干质量估算法等。本研究采用面积—吸收能力法评估森林植被吸收污染物的总量和价值。

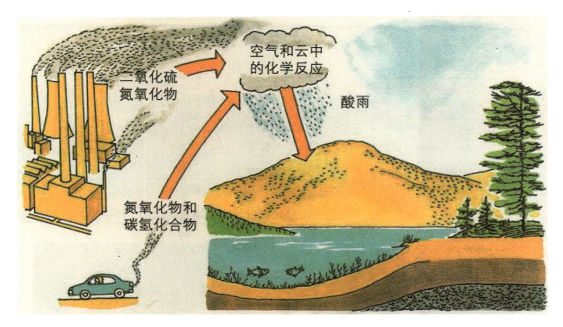

图 1-11 污染气体的来源及危害

（1）吸收二氧化硫。

①年二氧化硫吸收量。公式如下：

$$G_{二氧化硫}=Q_{二氧化硫} \cdot A \cdot F/1000 \tag{1-25}$$

式中：$G_{二氧化硫}$——评估林分年吸收二氧化硫量（吨/年）；

$Q_{二氧化硫}$——单位面积实测林分年吸收二氧化硫量[千克/（公顷·年）]；

$A$——林分面积（公顷）；

$F$——森林生态系统服务修正系数。

②年吸收二氧化硫价值。公式如下：

$$U_{二氧化硫}=Q_{二氧化硫}/N_{二氧化硫} \cdot K \cdot A \cdot F \cdot d \tag{1-26}$$

式中：$U_{二氧化硫}$——评估林分年吸收二氧化硫价值（元/年）；

$N_{二氧化硫}$——二氧化硫污染当量值（千克）；

$K$——税额（元）；

$Q_{二氧化硫}$——单位面积实测林分年吸收二氧化硫量[千克/（公顷·年）]；

$A$——林分面积（公顷）；

$F$——森林生态系统服务修正系数；

$d$——贴现率。

(2)吸收氟化物。

①年氟化物吸收量。公式如下:

$$G_{氟化物}=Q_{氟化物}\cdot A\cdot F/1000 \tag{1-27}$$

式中:$G_{氟化物}$——评估林分年吸收氟化物量(吨/年);

$Q_{氟化物}$——单位面积实测林分年吸收氟化物量[千克/(公顷·年)];

$A$——林分面积(公顷);

$F$——森林生态系统服务修正系数。

②年吸收氟化物价值。公式如下:

$$U_{氟化物}=Q_{氟化物}/N_{氟化物}\cdot K\cdot A\cdot F\cdot d \tag{1-28}$$

式中:$U_{氟化物}$——评估林分年吸收氟化物价值(元/年);

$Q_{氟化物}$——单位面积实测林分年吸收氟化物量[千克/(公顷·年)];

$N_{氟化物}$——氟化物污染当量值(千克);

$K$——税额(元);

$A$——林分面积(公顷);

$F$——森林生态系统服务修正系数;

$d$——贴现率。

(3)吸收氮氧化物。

①年氮氧化物吸收量。公式如下:

$$G_{氮氧化物}=Q_{氮氧化物}\cdot A\cdot F/1000 \tag{1-29}$$

式中:$G_{氮氧化物}$——评估林分年吸收氮氧化物量(吨/年);

$Q_{氮氧化物}$——单位面积实测林分年吸收氮氧化物量[千克/(公顷·年)];

$A$——林分面积(公顷);

$F$——森林生态系统服务修正系数。

②年吸收氮氧化物价值。公式如下:

$$U_{氮氧化物}=Q_{氮氧化物}/N_{氮氧化物}\cdot K\cdot A\cdot F\cdot d \tag{1-30}$$

式中:$U_{氮氧化物}$——评估林分年吸收氮氧化物价值(元/年);

$Q_{氮氧化物}$——单位面积实测林分年吸收氟化物量[千克/(公顷·年)];

$N_{氮氧化物}$——氮氧化物污染当量值(千克);

$K$——税额(元);

$A$——林分面积（公顷）；

$F$——森林生态系统服务修正系数；

$d$——贴现率。

### 3. 滞尘指标

鉴于近年来人们对 $PM_{10}$ 和 $PM_{2.5}$（图 1-12）的关注，本研究在评估滞尘功能及其价值的基础上，将 $PM_{10}$ 和 $PM_{2.5}$ 进行了单独的物质量和价值量核算。

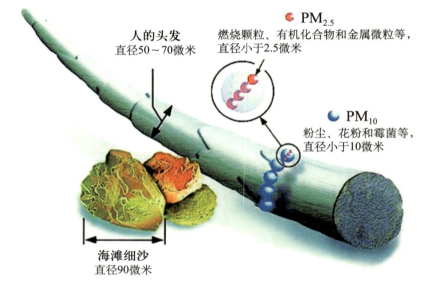

图 1-12　$PM_{2.5}$ 颗粒直径示意

（1）年总滞尘量。公式如下：

$$G_{TSP}=Q_{TSP} \cdot A \cdot F/1000 \tag{1-31}$$

式中：$G_{TSP}$——评估林分年滞纳 TSP（总悬浮颗粒物）量（吨 / 年）；

　　　$Q_{TSP}$——单位面积实测林分年滞纳 TSP 量 [ 千克 /（公顷·年）]；

　　　$A$——林分面积（公顷）；

　　　$F$——森林生态系统服务修正系数。

（2）年滞尘价值。林分滞尘采用环境污染税法的不同污染物的当量和对应税额计算。公式如下：

$$U_{滞尘}=(G_{TSP}-G_{PM_{10}}-G_{PM_{2.5}})/N_{一般性粉尘} \cdot K \cdot A \cdot F \cdot d+U_{PM_{10}}+U_{PM_{2.5}} \tag{1-32}$$

式中：$U_{TSP}$——评估林分年潜在滞尘价值（元 / 年）；

　　　$G_{TSP}$——评估林分年潜在滞纳 TSP 量（吨 / 年）；

　　　$G_{PM_{10}}$——评估林分年潜在滞纳 $PM_{10}$ 的量（千克 / 年）；

　　　$G_{PM_{2.5}}$——评估林分年潜在滞纳 $PM_{2.5}$ 的量（千克 / 年）；

$U_{PM_{10}}$——评估林分年潜在滞纳$PM_{10}$的价值（元/年）；

$U_{PM_{2.5}}$——评估林分年潜在滞纳$PM_{2.5}$的价值（元/年）；

$N_{一般性粉尘}$——一般性粉尘污染当量值（千克）；

$K$——税额（元）；

$F$——森林生态系统服务修正系数；

$d$——贴现率。

### 4. 滞纳$PM_{10}$

（1）年滞纳$PM_{10}$量。公式如下：

$$G_{PM_{10}}=10Q_{PM_{10}} \cdot A \cdot n \cdot F \cdot LAI \tag{1-33}$$

式中：$G_{PM_{10}}$——评估林分年潜在滞纳$PM_{10}$量（千克/年）；

$Q_{PM_{10}}$——实测林分单位叶面积滞纳$PM_{10}$量（克/平方米）；

$A$——林分面积（公顷）；

$n$——年洗脱次数；

$F$——森林生态系统服务修正系数；

$LAI$——叶面积指数。

（2）年滞纳$PM_{10}$价值。公式如下：

$$U_{PM_{10}}=10Q_{PM_{10}}/N_{炭黑尘} \cdot K \cdot A \cdot n \cdot F \cdot LAI \cdot d \tag{1-34}$$

式中：$U_{PM_{10}}$——评估林分年潜在滞纳$PM_{10}$价值（元/年）；

$N_{炭黑尘}$——炭黑尘污染当量值（千克）；

$K$——税额（元）；

$Q_{PM_{10}}$——实测林分单位叶面积滞纳$PM_{10}$量（克/平方米）；

$A$——林分面积（公顷）；

$n$——年洗脱次数；

$F$——森林生态系统服务修正系数；

$LAI$——叶面积指数。

$d$——贴现率。

### 5. 滞纳$PM_{2.5}$

（1）年滞纳$PM_{2.5}$量。公式如下：

$$G_{PM_{2.5}}=10Q_{PM_{2.5}} \cdot A \cdot n \cdot F \cdot LAI \tag{1-35}$$

式中：$G_{PM_{2.5}}$——评估林分年潜在滞纳$PM_{2.5}$量（千克/年）；

$Q_{PM_{2.5}}$——实测林分单位叶面积滞纳 $PM_{2.5}$ 量（克/平方米）；

$A$——林分面积（公顷）；

$n$——洗脱次数；

$F$——森林生态系统服务修正系数；

LAI——叶面积指数。

（2）年滞纳 $PM_{2.5}$ 价值。公式如下：

$$U_{PM_{2.5}} = 10 Q_{PM_{2.5}} / N_{炭黑尘} \cdot K \cdot A \cdot n \cdot F \cdot LAI \cdot d \quad (1-36)$$

式中：$U_{PM_{2.5}}$——评估林分年潜在滞纳 $PM_{2.5}$ 价值（元/年）；

$N_{炭黑尘}$——炭黑尘污染当量值（千克）；

$K$——税额（元）；

$Q_{PM_{2.5}}$——实测林分单位叶面积滞纳 $PM_{2.5}$ 量（克/平方米）；

$A$——林分面积（公顷）；

$n$——洗脱次数；

$F$——森林生态系统服务修正系数；

LAI——叶面积指数；

$d$——贴现率。

### （六）森林防护

植被根系能够固定土壤，改善土壤结构，降低土壤的裸露程度；地上部分能够增加地表粗糙程度，降低风速，阻截风沙。地上地下的共同作用能够减弱风的强度和携沙能力，减少土壤流失和风沙的危害。

草方格沙障能够通过增大地表粗糙度，减缓风力、增加地表覆盖和截流水分，以利用植被生长，起到固沙的目的。

（1）防风固沙功能价值量。计算公式：

$$U_{防风固沙} = A_{防风固沙} \cdot (Y_2 - Y_1) \cdot K_{防风固沙} \cdot F \quad (1-37)$$

式中：$U_{防风固沙}$——评估林分防风固沙价值（元）；

$A_{防风固沙}$——实测林分防风固沙林面积（公顷）；

$K_{防风固沙}$——草方格人工铺设价格（元/公顷）。

$Y_2$——无林地风蚀模数[吨/（公顷·年）]；

$Y_1$——有林地风蚀模数[吨/（公顷·年）]；

$F$——森林生态系统服务修正系数。

（2）农田防护功能价值量。计算公式：

$$U_{农田防护} = K_a \cdot V_a \cdot m_a \cdot A_{农田防护} \qquad (1-38)$$

式中：$U_{农田防护}$——评估林分农田防护功能价值（元/年）；

$V_a$——稻谷价格（元/千克，附表5）；

$m_a$——农作物、牧草平均增产量（千克/年）；

$K_a$——平均1公顷农田防护林能够实现农田防护面积为19公顷；

$A_{农田防护}$——农田防护林面积（公顷）。

### （七）生物多样性保护

生物多样性维护了自然界的生态平衡，并为人类的生存提供了良好的环境条件。生物多样性是生态系统不可缺少的组成部分，对生态系统服务功能的发挥具有十分重要的作用。Shannon-Wiener 指数是反映森林中物种的丰富度和分布均匀程度的经典指标。传统 Shannon-Wiener 指数对生物多样性保护等级的界定不够全面。本研究增加濒危指数、特有种指数和古树年龄指数，通过对 Shannon-Wiener 指数进行修正，有利于生物资源的合理利用和相关部门保护工作的合理分配。

修正后的生物多样性保护功能评估公式如下：

$$U = (1 + 0.1\sum_{m=1}^{x} E_m + 0.1\sum_{n=1}^{y} B_n + 0.1\sum_{r=1}^{z} O_r) \cdot S_{生} \cdot A \qquad (1-39)$$

式中：$U$——评估林分年生物多样性价值（元/年）；

$E_m$——评估林分（或区域）内物种 $m$ 的珍稀濒危指数（表1-1）；

$B_n$——评估林分（或区域）内物种 $n$ 的特有种指数（表1-2）；

$O_r$——评估林分（或区域）内物种 $r$ 的古树年龄指数（表1-3）；

$x$——计算珍稀濒危物种数量；

$y$——计算特有种物种数量；

$z$——计算古树物种数量；

$S_{生}$——单位面积物种多样性保护价值量[元/（公顷·年）]；

$A$——林分面积（公顷）。

根据 Shannon-Wiener 指数计算生物多样性价值，共划分7个等级：

当指数<1时，$S_{生}$ 为3000元/（公顷·年）；

当 1≤指数<2 时，$S_{生}$ 为5000元/（公顷·年）；

当 2≤指数<3 时，$S_{生}$ 为10000元/（公顷·年）；

当 3≤指数<4 时，$S_{生}$ 为20000元/（公顷·年）；

当 4≤指数<5 时，$S_{生}$ 为30000元/（公顷·年）；

当 5≤指数＜6 时，$S_{生}$ 为 40000 元/（公顷·年）；

当指数≥6 时，$S_{生}$ 为 50000 元/（公顷·年）。

表 1-1 物种濒危指数体系

| 濒危指数 | 濒危等级 | 物种种类 |
| --- | --- | --- |
| 4 | 极危 | 参见《中国物种红色名录》第一卷：红色名录 |
| 3 | 濒危 | |
| 2 | 易危 | |
| 1 | 近危 | |

表 1-2 特有种指数体系

| 特有种指数 | 分布范围 |
| --- | --- |
| 4 | 仅限于范围不大的山峰或特殊的自然地理环境下分布 |
| 3 | 仅限于某些较大的自然地理环境下分布的类群，如仅分布于较大的海岛（岛屿）、高原、若干个山脉等 |
| 2 | 仅限于某个大陆分布的分类群 |
| 1 | 至少在2个大陆都有分布的分类群 |
| 0 | 世界广布的分类群 |

注：参见《植物特有现象的量化》（苏志尧，1999）。

表 1-3 古树年龄指数体系

| 古树年龄 | 指数等级 | 来源及依据 |
| --- | --- | --- |
| 100～299年 | 1 | 参见全国绿化委员会、国家林业局文件《关于开展古树名木普查建档工作的通知》 |
| 300～499年 | 2 | |
| ≥500年 | 3 | |

### （八）林木产品供给

公式如下：

$$U_{林木产品} = U_{木材产品} + U_{非木材产品} \quad (1-40)$$

$$U_{木材产品} = \sum_{i}^{n}(A_i \cdot S_i \cdot U_i) \quad (1-41)$$

式中：$U_{林木产品}$——林木产品供给功能价值（元/年）；

$U_{木材产品}$——区域内年木材产品价值（元/年）；

$A_i$——第 $i$ 种木材产品面积（公顷）；

$S_i$——第 $i$ 种木材产品单位面积蓄积量 [立方米/（公顷·年）]；

$U_i$——第 $i$ 种木材产品市场价格（元/立方米）。

$$U_{\text{非木材产品}} = \sum_{j}^{n}(A_j \cdot V_j \cdot P_j) \tag{1-42}$$

式中：$U_{\text{非木材产品}}$——区域内年非木材产品价值（元/年）；

$A_j$——第 $j$ 种非木材产品种植面积（公顷）；

$V_j$——第 $j$ 种非木材产品单位面积产量 [（千克/（公顷·年）]；

$P_j$——第 $j$ 种非木材产品市场价格（元/千克）。

### （九）森林康养

森林康养是指森林生态系统为人类提供休闲和娱乐场所所产生的价值，包括直接价值和间接价值，采用林业旅游与休闲产值替代法进行核算。本报告森林康养价值（数据来源于黑河市林业和草原局）包括直接收入即2018年黑河市森林旅游与休闲产值（主要包括森林公园、保护区、湿地公园等）和间接收入即2018年黑河市各县（市、区）森林旅游与休闲直接带动其他产业产值。因此，森林康养功能的计算公式：

$$U_{\text{康养}} = 0.8 U_k \tag{1-43}$$

式中：$U_{\text{康养}}$——森林康养功能的价值量（元/年）；

$U_k$——各行政区林业旅游与休闲产业及森林康复疗养产业的价值，包括旅游收入、直接带动的其他产业的产值（元）；

$k$——行政区个数；

0.8——森林公园接待游客量和创造的旅游产值约占全国森林旅游总规模的80%。

### （十）森林生态产品总价值

黑河市森林生态产品总价值为上述分项价值量之和，公式如下：

$$U_I = \sum_{i=1}^{25} U_i \tag{1-44}$$

式中：$U_I$——黑河市森林生态产品总价值（元/年）；

$U_i$——黑河市森林生态产品各分项价值量（元/年）。

# 第二章
# 黑河市地理环境与资源概况

　　黑河市，古称瑷珲，是黑龙江省地级市。全市总面积 68726 平方千米。2018 年，黑河市总人口数为 159.3 万人。森林、湿地、草地资源是林业生态建设的重要物质基础，增加森林、湿地、草地资源以及保障其稳定持续的发展是林业工作的出发点和落脚点。截至 2018 年年底，黑河市林业用地面积为 478.96 万公顷，有林地面积为 336.23 万公顷，全市森林覆盖率 49.79%，森林资源丰富，全市乔木林地面积 336.23 万公顷，森林活立木总蓄积量为 2.56 亿立方米，这些森林是维系黑河市生态安全构建的基础；湿地总面积 107.50 万公顷，约占全省湿地面积的五分之一；草地总面积 68.43 万公顷。本章详细概述了黑河市的自然地理概况，并分析了黑河市林业发展状况和森林、湿地、草地资源状况，为后续政策的制定提供依据，也为黑河市生态空间绿色核算与生态产品价值评估提供基础数据。

## 第一节　自然地理

### 一、地理位置

　　黑河市地处中国东北地区，黑龙江省北部，地理坐标为东经 124°45′～129°18′、北纬 47°42′～51°03′，东南与伊春市、绥化市接壤，西南与齐齐哈尔市毗邻，西部与内蒙古自治区隔嫩江相望，北部与大兴安岭地区相连。以黑龙江主航道中心线为界，与俄罗斯远东第三大城市——阿穆尔州首府布拉戈维申斯克市隔黑龙江相望，是中俄边境线上唯一一对规模最大、规格最高、功能最全、距离最近的对应城市，最近处相距仅 750 米。黑河市下辖 1 个市辖区、3 个县级市、2 个县。市辖区：爱辉区；县级市：嫩江市、五大连池市、北安市；县：孙吴县、逊克县，代管五大连池风景区。

图 2-1 黑河市位置示意

## 二、地形地貌

黑河市系大小兴安岭结合部，地处大兴安岭东端、小兴安岭北部。境内群山连绵起伏，沟谷纵横，地势西北部高，向东南逐渐降低。由于地质构造变动和物理风化作用，形成了剥蚀地形、侵蚀堆积地表、堆积地形和火山岩地形，并构成低山、丘陵、火山熔岩台地、盆地、平原和河谷地貌特征。全市地貌呈北西至南东走向，山区面积约44225平方千米，占全市土地总面积的64.3%，为北西、南东向，两端隆起、中间凹陷，呈马鞍形态，海拔高度为300～800米。

## 三、气候条件

黑河市临近冷空气发源地——西伯利亚，境内又有小兴安岭山脉纵贯南北，使全市呈温带大陆性季风气候特征，横跨三、四、五、六四个积温带。春季气温不稳定，干旱多风，夏季温热多雨，秋季凉爽舒适，冬季严寒、漫长而干燥，冬长夏短、四季分明。全市年均降水量500～550毫米，有效积温1950～2300℃，日照时数2560～2700小时，无霜期90～120天，年均气温-1.3～0.4℃，日最高气温38.2℃，最低气温-40℃，平均风速2～3.5米/秒。

## 四、水文资源

黑河市境内河流纵横，纵贯黑河市南北的小兴安岭，将境内河流分为黑龙江、嫩江两大水系，共有大小河流631条，其中流域面积在50平方千米以上的河流有242条。黑龙江位于黑河市北部，是中国与俄罗斯的界江，在区域内的主要支流有法别拉河、公别拉河、逊别拉河、库尔滨河。嫩江位于黑河市西部，是黑龙江省与内蒙古自治区的界江，在区域内的主要支流有讷谟尔河、科洛河。市内的通肯河属松花江水系。乌裕尔河是内陆河流。黑河市水资源总量160.4亿立方米，地表水资源144.7亿立方米，地下水资源15.7亿立方米。

## 五、土壤条件

土壤的发育形成主要受生物和气候条件的共同影响，因此，土壤分布的地带性规律较明显。全市土壤共有8个土类，下分27个亚类31个土属52个土种。境内有暗棕壤和黑土两个地带性土壤，其中还镶嵌有白浆土、草甸土、沼泽土、泥炭土等非地带性土壤。此外，还有火山灰土和水稻土（表2-1）。

暗棕壤亦称暗棕色森林土，是黑河市主要的森林土壤，面积4477242.71公顷，占全市土壤面积的65.76%；黑土是区域内主要的宜耕土壤，总面积为875567.59公顷，占全市土壤面积的12.86%；沼泽土总面积712357.34公顷，占全市土壤面积的10.46%；其他类型的土壤共占10.92%。各土壤主体的发育形成、分布、亚类以及面积见表2-1。

表2-1 黑河市各土壤主体基本概况

| 土壤类别 | 分布 | 面积（公顷） |
| --- | --- | --- |
| 暗棕壤 | 主要分布在小兴安岭山体和山前起伏的丘陵区，以逊克、爱辉、孙吴、嫩江等县（市、区）居多 | 4477242.71 |
| 黑土 | 主要分布在小兴安岭山前丘陵漫岗区，全区各县（市）均有分布，以嫩江、北安、五大连池市居多 | 875567.59 |
| 沼泽土 | 主要分布在河谷泛滥地与水线两侧积水洼地、地下水流出地区，凡是具备潮湿积水条件的地段均有分布 | 712357.34 |
| 草甸土 | 主要分布在黑龙江、嫩江水系河漫滩阶地上，还有沟谷低地与山间谷地等低平地上 | 677452.31 |
| 白浆土 | 主要分布在逊克县，其他县（市、区）多有零星分布 | 42988.82 |
| 火山灰土 | 主要分布在五大连池风景区火山群，嫩江、孙吴、逊克、爱辉等县（市、区）亦有分布 | 14313.00 |
| 泥炭土 | 集中分布在五大连池市、爱辉区和孙吴县境内 | 5748.54 |
| 水稻土 | 主要分布在北安市主星乡和五大连池市境内的永丰农场 | 2926.29 |

## 六、植被状况

黑河市为大、小兴安岭过渡区域，该区域既是天然红松林分布的北界，又是寒温带明亮针叶林分布的南缘，属东北温带针叶林及针阔叶混交林地区，该区域内过渡带森林植被特征明显,伴生树种组成多,结构复杂,对外界反应敏感。地理位置和生态地位特殊。黑河市有乔木林地面积336.23万公顷、灌木林地面积7.59万公顷,草地面积68.43万公顷。

## 第二节 森林资源

### 一、林业发展

一个如此神奇的地方,必然会蕴藏我们无法想象的奇迹。良好的生态,富集的资源,是上天赐予黑河市的宝贵财富。黑河市与大小兴安岭林区山水相连,生态系统一脉相承,兼具大小兴安岭的生物群落和生态特征。特殊的地理优势使大小兴安岭两个独立的生态系统在黑河市林区完成了完美的过渡和动植物群落演替,形成了一个完整的生态体系,与大兴安岭林区、小兴安岭林区共同组成了我国北方重要的天然生态屏障,并称为黑龙江三大林区。

黑河市森林树木种类繁多,多数植物具有耐寒、耐旱、耐瘠薄的特点。主要树种有兴安落叶松(*Larix gmelinii*)、蒙古栎(*Quercus mongolica*)、桦树(*Betula*)和杨树,另有云杉、樟子松、红松、水曲柳、胡桃楸、黄檗等北方特有林木30余种。

森林是重要的战略资源,是人与自然和谐相处的重要依托。黑河市与大小兴安岭地区相比,社会发展历史悠久,森林资源、土地资源和矿藏资源开发利用早,森林生态也经历了不同寻常的演化历程。

清朝以前,黑河是我国北方重要的区域性中心城市,那时已经开始了森林资源和矿藏的开发利用。日本发动侵华战争后,作为资源和战略要地,黑河的森林资源和矿产资源遭到了长达十几年的掠夺式开发和破坏,这个时期的大小兴安岭还处于待开发状态。

中华人民共和国成立后,黑河市林区在经历了长达60多年的木材过量采伐、矿山开发和农业快速发展,森林资源和生态环境遭到了破坏。黑河市林区在为历史作出巨大贡献的同时,造成林分质量下降、林相残破。80%以上的森林为生态功能低下的多代萌生天然次生林。森林群落呈现实生林少,萌生林多;大径材少,小径材多;针叶林少,阔叶林多;成熟林少,中幼林多的状态。每公顷林木蓄积量由1972年的83立方米降低到65立方米,远低于全省全国平均水平;可采资源面积减少到16万公顷,可采资源蓄积量仅为890万立方米。黑河市森林生态功能的缺失和脆弱,在大小兴安岭生态屏障的中间地带形成了"短板"状态,产生了"豁口"效应。"豁口"的两翼,直接影响到大兴安岭南麓和小兴安岭北坡生态屏障功能的发挥及我国北方重要的生态屏障的完整性,已经影响大小兴安岭生态屏障整体功能的发挥。

修复生态成为黑河市林业的重要任务和职责。2008年,启动实施"三年造林会战";2009年,在全国率先全面停止了国有林区林木商业性采伐;2010年,经过积极争取,黑河市被整体纳入国家大小兴安岭生态保护与经济转型规划,成为规划四个主体城市之一;2011

年，黑河市部署"五年绿化行动"全面实施退耕还林还草还湿"一退三还"行动。

"十二五"期间，全面开展"五年绿化行动"，2012—2016 年，完成造林 159.1 万亩，其中：人工造林 52.1 万亩、封山育林 107 万亩、绿化村屯 208 个。严格实施森林生态补偿基金制度，全市纳入生态效益补偿的林地面积 1762.41 万亩，占林地总面积的 38.2%，年获取补偿资金 1.01 亿元。

"十三五"期间，累计实施造林绿化 38.7 万亩，绿化行政村 547 个，面积 3.38 万亩，累计完成退耕还湿 1.25 万亩；以实施精准提升为手段，积极促进森林提质。完成森林抚育 150 万亩，实施以栽植红松为主的林冠下补植和低产低效林改造 23 万亩。

黑河市高举习近平新时代中国特色社会主义思想伟大旗帜，深入贯彻落实习近平生态文明思想，统筹推进"五位一体"总体布局，协调推进"四个全面"战略布局，认真贯彻落实习近平总书记视察黑龙江时的重要讲话精神，贯彻落实市委市政府、省委省政府、国家林业和草原局的战略部署，积极践行"绿水青山就是金山银山"理念、新发展理念、山水林田湖草沙生命共同体理念，坚持推动黑河市林草业高质量发展，为黑河市生态建设贡献力量。

### 二、森林资源

黑河市森林资源富饶，林分类型多样。全市林业用地面积 478.96 万公顷，乔木林地面积 336.23 万公顷，森林活立木总蓄积量为 2.56 亿立方米，森林覆盖率为 49.79%。黑河市森林具有典型的大小兴安岭植物分布特征，主要林分类型有针混林、落叶松林、阔混林、白桦林等，主要树种有红松、兴安落叶松、蒙古栎、白桦、黑桦等。黑河市林业用地及森林面积等如图 2-2、图 2-3、表 2-2。

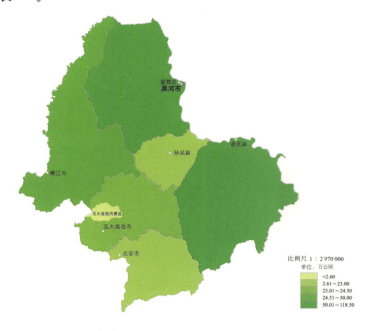

**图 2-2　黑河市各县（市、区）森林面积分布**

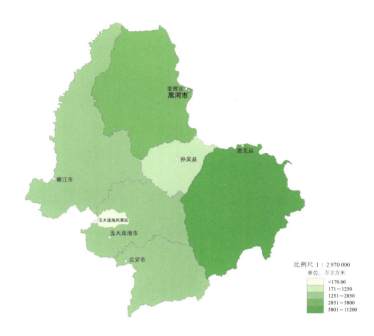

图 2-3 黑河市各县（市、区）森林蓄积量分布

表 2-2 黑河市各县（市、区）林业用地面积统计

公顷

| 县（市、区） | 总面积 | 乔木林地 | 疏林地 | 其他灌木林 | 未造林地 | 封育地 | 苗圃地 | 采伐迹地 | 火烧迹地 | 其他无立木地 | 宜林地 | 林辅地 | 非林地 |
|---|---|---|---|---|---|---|---|---|---|---|---|---|---|
| 合计 | 4789632.68 | 3362271.01 | 19784.48 | 75852.05 | 19854.13 | 7337.86 | 2056.85 | 224.40 | 2320.10 | 76563.29 | 224008.39 | 882133.82 | 117226.30 |
| 爱辉区 | 1301977.53 | 969082.39 | 3723.32 | 44212.19 | 8445.84 | 6980.39 | 423.04 | 74.81 | 1948.51 | 1387.35 | 14655.56 | 250356.28 | 687.85 |
| 嫩江市 | 808970.03 | 499242.01 | 9171.90 | 6075.26 | 4923.73 | 109.21 | 769.36 | 5.07 | 216.65 | 3490.32 | 9985.31 | 271691.45 | 3289.76 |
| 逊克县 | 1518205.67 | 1184646.71 | 3521.10 | 19869.36 | 2137.55 | 44.25 | 106.25 | 80.80 | 62.64 | 12544.02 | 149524.00 | 91472.25 | 54196.74 |
| 孙吴县 | 347857.52 | 214989.92 | 364.74 | 4221.00 | 1455.25 | 41.37 | 138.70 | 2.01 | 73.88 | 9741.69 | 3624.41 | 109665.09 | 3539.46 |
| 北安市 | 392250.19 | 226459.30 | 601.69 | 374.94 | 1118.58 | 162.64 | 263.94 | 30.25 | 0.00 | 43608.52 | 20110.24 | 66496.77 | 33023.32 |
| 五大连池市 | 373180.27 | 242253.02 | 2180.86 | 644.84 | 1717.69 | 0.00 | 348.43 | 31.46 | 18.42 | 5788.35 | 23149.93 | 74577.82 | 22469.45 |
| 五大连池风景区 | 47191.47 | 25597.66 | 220.87 | 454.46 | 55.49 | 0.00 | 7.13 | 0.00 | 0.00 | 3.04 | 2958.94 | 17874.16 | 19.72 |

### 三、优势树种（组）结构

黑河市森林资源主要有 16 种优势树种（组）。其各县（市、区）优势树种（组）主要涉

到冷杉组、云杉组、落叶松组、红松组、樟子松组、柞树组、桦木组、杨树组、水胡黄组、柳树组、椴树组、榆树组、阔叶混交组、经济林组、其他树种组、灌木林组。其中，主要优势树种（组）按面积排序前三位的是桦木组、柞树组、落叶松组，面积合计为307.30万公顷，占全市林分面积的91.40%。按蓄积量排序前三位依次是桦木组、柞树组、落叶松组，蓄积合计为22260.24万立方米，占全市林木蓄积量的87.06%。黑河市优势树种（组）面积、蓄积量见表2-3。

表2-3 黑河市森林各优势树种（组）面积、蓄积量统计

| 优势树种（组） | 面积（万公顷） | 占比（%） | 蓄积量（万立方米） | 占比（%） |
| --- | --- | --- | --- | --- |
| 合计 | 336.23 | 100.00 | 25566.54 | 100.00 |
| 冷杉组 | 5.06 | 1.51 | 730.17 | 2.86 |
| 云杉组 | 4.67 | 1.39 | 599.77 | 2.35 |
| 落叶松组 | 40.18 | 11.95 | 4195.35 | 16.41 |
| 红松组 | 1.03 | 0.31 | 168.16 | 0.66 |
| 樟子松组 | 1.93 | 0.57 | 164.48 | 0.64 |
| 柞树组 | 84.05 | 25.00 | 5640.98 | 22.06 |
| 桦木组 | 183.07 | 54.45 | 12423.91 | 48.59 |
| 杨树组 | 11.49 | 3.42 | 1212.14 | 4.74 |
| 水胡黄组 | 0.21 | 0.06 | 20.17 | 0.08 |
| 柳树组 | 0.26 | 0.08 | 5.44 | 0.02 |
| 椴树组 | 2.80 | 0.83 | 282.35 | 1.10 |
| 榆树组 | 0.45 | 0.14 | 32.65 | 0.13 |
| 阔叶混交组 | 0.08 | 0.03 | 1.08 | 0.00 |
| 经济林组 | 0.01 | 0.00 | 0.00 | 0.00 |
| 其他树种组 | 0.94 | 0.28 | 89.89 | 0.35 |
| 灌木林组 | <0.01 | <0.01 | <0.01 | <0.01 |

### 四、龄组结构

乔木林的林龄组根据优势树种（组）的平均年龄确定，分为幼龄林、中龄林、近熟林、成熟林及过熟林。黑河市乔木林各林龄组面积、蓄积量见表2-4。

表2-4 黑河市森林各林龄组面积、蓄积量统计

| 项目 | 合计 | 幼龄林 | 中龄林 | 近熟林 | 成熟林 | 过熟林 |
| --- | --- | --- | --- | --- | --- | --- |
| 面积（万公顷） | 336.23 | 147.65 | 128.86 | 42.42 | 13.88 | 3.41 |
| 比重（%） | 100.00 | 43.91 | 38.32 | 12.62 | 4.13 | 1.01 |
| 蓄积量（万立方米） | 25566.54 | 13179.69 | 7700.73 | 3185.55 | 1151.48 | 349.09 |
| 比重（%） | 100.00 | 51.55 | 30.12 | 12.46 | 4.50 | 1.37 |

## 五、起源结构

森林按起源分为天然林和人工林，其中天然林是指天然下种或萌生形成的有林地、疏林地、灌木林地、其他林地；人工林指人工植苗、直播、扦插、嫁接、分殖或插条形成的有林地、疏林地、灌木林地和其他林地。黑河市的天然林、人工林面积及蓄积量见表2-5。

表2-5  黑河市森林不同起源面积、蓄积量统计

| 起源 | 面积（万公顷） | 比重（%） | 蓄积量（万立方米） | 比重（%） |
|---|---|---|---|---|
| 合计 | 336.23 | 100.00 | 25566.54 | 100.00 |
| 天然林 | 314.50 | 93.54 | 23188.86 | 90.70 |
| 人工林 | 21.73 | 6.46 | 2377.68 | 9.30 |

## 六、林种结构

黑河市与大小兴安岭林区山水相连，两个独立的生态系统在黑河市林区完成了完美连接，形成了一个完整的生态体系，构筑成我国北方重要的天然生态屏障。黑河市林区兼具大小兴安岭的生物群落和生态特征，也深度影响着大小兴安岭林区森林生态功能的发挥。特殊的地理位置和区位优势，形成了黑河市森林类型多、湿地面积大、野生动植物多样性丰富的特点，彰显了黑河市森林生态在我国北方生态链构成中的重要战略地位。

根据经营目标不同，将黑河市森林分为5个林种，依次为防护林、特种用途林、用材林、经济林和薪炭林，各林种的面积、蓄积量及所占比重见表2-6。

表2-6  黑河市森林不同林种面积、蓄积量统计

| 项目 | 合计 | 防护林 | 特种用途林 | 用材林 | 经济林 | 薪炭林 |
|---|---|---|---|---|---|---|
| 面积（万公顷） | 336.23 | 201.71 | 70.33 | 63.84 | 0.34 | 0.01 |
| 比重（%） | 100.00 | 59.99 | 20.92 | 18.99 | 0.10 | 0.00 |
| 蓄积量（万立方米） | 25566.54 | 14227.89 | 6168.68 | 5168.91 | 0.00 | 0.06 |
| 比重（%） | 100.00 | 55.65 | 24.13 | 20.22 | 0.00 | 0.00 |

# 第三节  湿地资源

## 一、湿地类型面积

黑河市湿地资源较为丰富，根据2018年全市湿地资源调查统计，黑河市现有湿地面积1074977.36公顷，占全市行政区面积的15.64%（全市行政区面积6872600公顷）。黑河市的湿地类型多样，大体上可以分为天然湿地和人工湿地两大类。天然湿地又可以分为河流湿地、湖泊湿地、沼泽湿地3种类型；人工湿地可分为库塘、水产养殖场等类型。

表 2-7　黑河市各县（市、区）湿地类型面积统计

| 县（市、区） | 合计（公顷） | 湿地分类（公顷） | | | |
|---|---|---|---|---|---|
| | | 天然湿地 | | | 人工湿地 |
| | | 沼泽湿地 | 河流湿地 | 湖泊湿地 | |
| 逊克县 | 359112.26 | 331338.99 | 22648.84 | 0 | 5124.43 |
| 爱辉区 | 268995.65 | 254852.59 | 11623.53 | 1403.04 | 1116.49 |
| 嫩江市 | 155244.55 | 136528.79 | 14885.71 | 489.02 | 3341.03 |
| 北安市 | 116856.6 | 103382.05 | 2888.35 | 0 | 10586.2 |
| 五大连池市 | 112910.07 | 105842.45 | 1400.98 | 71.16 | 5595.48 |
| 孙吴县 | 50953.84 | 44709.2 | 5752 | 0 | 492.64 |
| 五大连池风景区 | 10904.39 | 8492.12 | 80.71 | 2308.08 | 23.48 |
| 合计 | 1074977.36 | 985146.19 | 59280.12 | 4271.3 | 26279.75 |

## 二、湿地动植物资源

黑河市湿地有脊椎动物 460 余种，其中鱼类 80 余种，两栖类 8 种，爬行类 10 种，鸟类 310 余种，兽类 40 余种。有国家一级保护野生动物东方白鹳、白头鹤、紫貂等 16 种，有国家二级保护野生动物驼鹿、棕熊、白枕鹤等 58 种。列入《濒危野生动植物种国际贸易公约》（简称 CITES）的野生动物 60 种，包括附录 I 的动物 14 种，附录 II 的动物 44 种，附录 III 的 2 种。

黑河市湿地有高等植物 670 种，其中苔藓植物 95 种，隶属于 29 科 48 属；蕨类植物 32 种，隶属于 12 科 20 属；种子植物（裸子和被子植物）543 种，隶属于 79 科 263 属。

## 三、湿地旅游资源

黑河市建有地方林业管理省级以上湿地类自然保护区 12 处（其中内陆湿地与水域生态系统类型自然保护区 9 处），总面积 37.1 万公顷，分别为黑龙江公别拉河国家级自然保护区（图 2-4）、黑龙江大沾河湿地国家级自然保护区、黑龙江北安省级自然保护区、黑龙江红旗湿地省级自然保护区、黑龙江刺尔滨河省级自然保护区、黑龙江引龙河省级自然保护区、黑龙江平山省级自然保护区、黑龙江干岔子省级自然保护区、黑龙江都尔滨河省级自然保护区、黑龙江门鲁河省级自然保护区、黑龙江科洛河自然保护区、黑龙江南北河省级自然保护区；建立省级以上湿地公园 5 处，其中国家湿地公园 3 处 [ 黑龙江北安乌裕尔河国家湿地公园（图 2-5）、黑龙江黑河市坤河国家湿地公园（图 2-6）、黑龙江爱辉刺尔滨国家湿地公园 ]，省级湿地公园 2 处（黑龙江嫩江圈河省级湿地公园、黑龙江五大连池省级湿地公园）；建立

省级湿地保护小区 8 处，总面积 4197 公顷，分别为北安黑瞎子、五大连池白草沟、嫩江高峰、逊克东山湖、孙吴转心湖、黑河市窑后沟、黑河市庆华、黑河市逊河湿地保护区小区。截至目前，全市通过建立自然保护区、湿地公园和湿地保护小区直接保护湿地面积达 10.1 万公顷，湿地保护率 19.24%，具体见表 2-8。

图 2-4　黑龙江公别拉河国家级自然保护区

图 2-5　黑龙江北安乌裕尔河国家湿地公园

图 2-6　黑龙江黑河市坤河国家湿地公园

表 2-8　黑河市湿地类保护地统计

| 序号 | 保护区 | 序号 | 湿地公园 | 序号 | 省级湿地保护小区 |
| --- | --- | --- | --- | --- | --- |
| 1 | 黑龙江公别拉河国家级自然保护区 | 1 | 黑龙江北安乌裕尔河国家湿地公园 | 1 | 北安黑瞎子 |
| 2 | 黑龙江大沾河湿地国家级自然保护区 | 2 | 黑龙江黑河市坤河国家湿地公园 | 2 | 五大连池白草沟 |
| 3 | 黑龙江北安省级自然保护区 | 3 | 黑龙江爱辉刺尔滨河国家湿地公园 | 3 | 嫩江高峰 |
| 4 | 黑龙江红旗湿地省级自然保护区 | 4 | 黑龙江嫩江圈河省级湿地公园 | 4 | 逊克东山湖 |
| 5 | 黑龙江刺尔滨河省级自然保护区 | 5 | 黑龙江五大连池省级湿地公园 | 5 | 孙吴转心湖 |
| 6 | 黑龙江引龙河省级自然保护区 | | | 6 | 黑河市窑后沟 |
| 7 | 黑龙江平山省级自然保护区 | | | 7 | 黑河市庆华 |
| 8 | 黑龙江干岔子省级自然保护区 | | | 8 | 黑河市逊河湿地保护区小区 |
| 9 | 黑龙江都尔滨河省级自然保护区 | | | | |
| 10 | 黑龙江门鲁河湿地省级自然保护区 | | | | |
| 11 | 黑龙江科洛河自然保护区 | | | | |
| 12 | 黑龙江南北河省级自然保护区 | | | | |

## 四、湿地空间分布格局

黑河市主要湿地类型是沼泽湿地，面积是 985146.19 公顷，占全市湿地总面积的 91.64%；其次是河流湿地，面积是 59280.12 公顷，占全市湿地总面积的 5.51%。全市湿地面积较大的县（市、区）是逊克县和爱辉区，面积分别为 359112.26 公顷、268995.65 公顷，共占全市湿地面积的 58.43%；全市湿地面积较小的县（市、区）是孙吴县和五大连池风景区，面积分别为 50953.84 公顷、10904.39 公顷，共占全市湿地面积的 5.75%。黑河市湿地分布整体上呈现由东北向西南逐渐减少的趋势（图 2-7）。

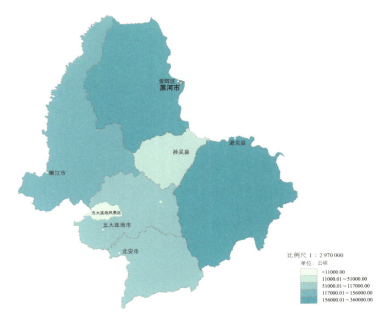

图 2-7　黑河市各县（市、区）湿地面积空间分布

## 五、湿地保护与修复

近年来，黑河市政府对辖区内的湿地资源高度关注，积极促进湿地恢复与保护，在全市范围内建设了湿地保护区和湿地公园，恢复和保护现有湿地资源，维护湿地生态平衡，保护生物多样性。

黑河市出台《黑河市湿地保护利用规划》《湿地生态保护与修复实施方案》《黑河市退耕还湿试点方案（2016—2018 年）》等指导性文件，对湿地资源进行恢复和保护，相继开展"一退三还"和自然保护区专项退耕还湿等工程，连年组织严厉打击毁林毁草毁湿行为专项行动，突出推进林地湿地专项清理工作。严格执行《黑龙江省湿地保护条例》，继续深化部门间合作，严厉打击各类破坏湿地资源违法行为，不断加强湿地监管，落实基层责任，参照林地管护，探索湿地责任管理模式。

（1）完善湿地公园建设。按照黑河市委、市政府推进国家公园和自然保护区建设整体规划，打造"百里界江、万顷湿地、山水环绕、一线多岛"的黑龙江右岸生态长廊和"加快湿地公园建设"总体目标，在现有省级湿地公园基础上，不断提升公园规划，大力推进公园晋升工作。目前，黑河市已制定《黑河市湿地保护规划》，确保现有湿地面积不减少，湿地功能不退化。现已将批建的国家级、省级重要湿地的保护恢复项目纳入到湿地保护工程范围。同时，通过进一步加强对已批准建立的国家级、省级、市级湿地公园建设工作的指导监督，从保护体系建设、湿地恢复与综合治理、可持续利用示范和能力建设4个方面加强督促指导，切实加强对湿地公园建设的组织领导，建立健全项目责任制，每个项目和环节明确责任单位、责任人员、时间进度和工作要求，形成一级抓一级、层层抓规范管理的格局，保证建设工作有序进行，确保黑河市湿地公园建设取得良好效果。

（2）加强湿地保护管理。一是掌握黑河市湿地基础数据。在全省湿地名录公布数据基础上，逐一对名录中黑河市辖区湿地进行细致梳理，并按照分布区域、湿地类型、面积规模等因子进行归类，梳理核定湿地面积，形成全市湿地分布明细表；二是积极推进退耕还湿工程。争取实施干岔子、都尔滨、刺尔滨3处自然保护区434公顷退耕还湿项目，结合保护区实际情况，协助完善退耕设计，严格把关还湿质量与资金使用，并在退耕还湿关键环节给予保护区最大支持，确保项目的有序实施；三是绘制保护区"一张图"。与黑龙江省林业监测规划部门进行合作，以市域内的省级以上自然保护区、湿地公园和湿地保护小区为单位，按照等级、归属和类型落图，绘制完成1∶10万的《黑河市自然保护区湿地公园及湿地保护区小区分布图》；四是严守湿地红线。认真开展林地、湿地清理工作，全力参与森林资源监督全覆盖试点工作，重点打击未批先建、扩建乱建行为，会同资源林政、森林公安等部门，定期开展巡回督查，共同打击违法破坏湿地资源行为，及时回收被侵占湿地。

2015年10月，黑龙江省十二届人大常委会第22次会议通过了《黑龙江省湿地保护条例》，该条例涉及黑河市湿地的规划和认定、保护、利用、监督管理以及法律责任等，对湿地的保护和管理上升到了法律层面。由此可见，黑河市恢复和保护湿地建设的成绩显著，在湿地生态治理上不断向人民群众交出满意答卷，同时也进一步彰显了黑河市恢复和保护湿地建设的信心和决心。

2016年以来，全市各级林草部门切实加强森林、湿地、草地资源保护，严格落实管护责任，积极开展林地、湿地清查、森林监督全覆盖检查试点、"绿卫2019"、森林督查、草地变化斑块核查和全覆盖草地监测等工作，出台了《黑河市湿地保护修复工作实施方案》，林草湿资源得到了有效保护和恢复。全市已形成自然保护区、风景名胜区、森林公园、地质公园、自然文化遗产、湿地公园、水产种质资源保护区等组成的全覆盖保护地体系，并全部纳入各级林草部门管理，实现了山水林田湖草综合治理。

## 第四节　草地资源

根据黑龙江省自然资源权益调查监测院 2018 年统计数据，黑河市草地面积 68.43 万公顷，爱辉区和嫩江市共有 38.19 万公顷，占全市草地面积的 55.81%。草地植物种类多样，资源丰富，很多植物具有抗寒、抗旱、抗盐碱等优良抗性性状，可以为农作物育种提供优良的基因资源。丰富的草地资源不仅为畜牧业的发展提供充足的饲料来源，而且也为草地上的动物提供良好的栖息环境，同时它的防风固沙、涵养水源、保持水土的生态效益也不可忽视（图 2-8、表 2-9）。

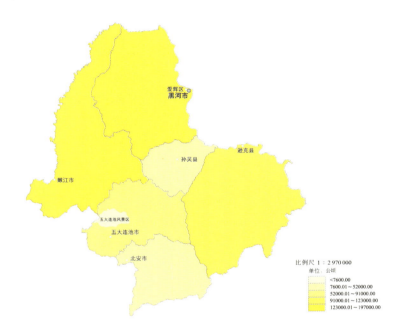

图 2-8　黑河市各县（市、区）草地面积空间分布

表 2-9　黑河市各县（市、区）草地面积统计

| 县（市、区） | 面积（万公顷） | 比例（%） |
| --- | --- | --- |
| 爱辉区 | 19.64 | 28.70 |
| 嫩江市 | 18.55 | 27.11 |
| 逊克县 | 12.29 | 17.96 |
| 五大连池市 | 9.08 | 13.27 |
| 北安市 | 5.15 | 7.53 |
| 孙吴县 | 2.96 | 4.33 |
| 五大连池风景区 | 0.75 | 1.10 |
| 合计 | 68.43 | 100.00 |

# 第三章
# 黑河市森林生态产品物质量评估

依据国家标准《森林生态系统服务功能评估规范》(GB/T 38582—2020),本章将评估黑河市2018年森林生态产品的物质量,研究黑河市森林生态产品物质量的空间分布格局和动态变化特征。

## 第一节 森林生态产品物质量评估结果

黑河市森林生态系统保育土壤、林木养分固持、涵养水源、固碳释氧、净化大气环境5项服务功能物质量见表3-1。

表3-1 黑河市森林生态产品物质量评估结果

| 服务类别 | 功能类别 | 指标 | 物质量 |
| --- | --- | --- | --- |
| 支持服务 | 保育土壤 | 固土(万吨/年) | 15919.55 |
| | | 减少氮流失(万吨/年) | 45.31 |
| | | 减少磷流失(万吨/年) | 24.99 |
| | | 减少钾流失(万吨/年) | 299.27 |
| | | 减少有机质流失(万吨/年) | 791.55 |
| | 林木养分固持 | 氮固持(万吨/年) | 40.10 |
| | | 磷固持(万吨/年) | 6.04 |
| | | 钾固持(万吨/年) | 14.04 |

(续)

| 服务类别 | 功能类别 | 指标 | 物质量 |
|---|---|---|---|
| 调节服务 | 涵养水源 | 调节水量（亿立方米/年） | 87.78 |
| | 固碳释氧 | 固碳（万吨/年） | 510.98 |
| | | 释氧（万吨/年） | 2622.65 |
| | 净化大气环境 | 提供负离子（×$10^{22}$个/年） | 2233.87 |
| | | 吸收二氧化硫（万千克/年） | 40989.00 |
| | | 吸收氟化物（万千克/年） | 3059.17 |
| | | 吸收氮氧化物（万千克/年） | 3282.72 |
| | | 滞纳TSP（亿千克/年） | 1060.75 |
| | | 滞纳$PM_{10}$（万千克/年） | 996.43 |
| | | 滞纳$PM_{2.5}$（万千克/年） | 288.91 |

### 一、保育土壤

土壤是地表的覆盖物，充当着大气圈和岩石圈的交界面，地球的最外层土壤具有生物活性，并且是由有机和无机化合物、生物、空气和水形成的复杂混合物，是陆地生态系统中生命的基础（UK National Ecosystem Assessment，2011）；土壤养分增加可能会影响土壤碳储量，对土壤化学过程的影响较为复杂（UK National Ecosystem Assessment，2011）。黑河市水土流失面积1.41万平方千米，其中轻度侵蚀面积1.30万平方千米，中度侵蚀面积0.08万平方千米，主要以水力侵蚀为主，风力侵蚀较小，属于黑龙江省中、轻度水土流失侵蚀区。黑河市森林生态系统固土量为15919.55万吨/年，相当于黑龙江卡伦山水文站多年平均输沙量344.87万吨（沈铭晖，2021）的46.2倍（图3-1），表明黑河市森林生态系统保育土壤功能对于维护国土安全具有重大意义，对于维持全市社会、经济和生态环境的可持续发展起到不容忽视的促进作用。

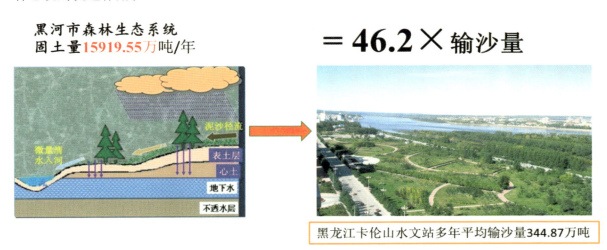

图3-1 黑河市森林生态系统固土量

## 二、林木养分固持

森林在生长过程中不断地从周围环境中吸收营养物质固定在植物体内，成为全球生物化学循环不可缺少的环节，地下动植物（包括菌根关系）促进了基本的生物地球化学过程，促进土壤、植物养分和肥力的更新（UK National Ecosystem Assessment, 2011）。林木养分固持功能首先是维持自身生态系统的养分平衡，其次才是为人类提供生态产品。森林通过大气、土壤和降水吸收氮、磷、钾等营养物质并贮存在体内各器官，其林木养分固持功能对降低下游水源污染及水体富营养化具有重要作用。2018 年，黑河市森林生态系统林木养分固持物质量为 60.18 万吨，相当于当年化肥施用折纯量（13.15 万吨）的 4.58 倍（图 3-2）（黑龙江省统计年鉴，2019）。

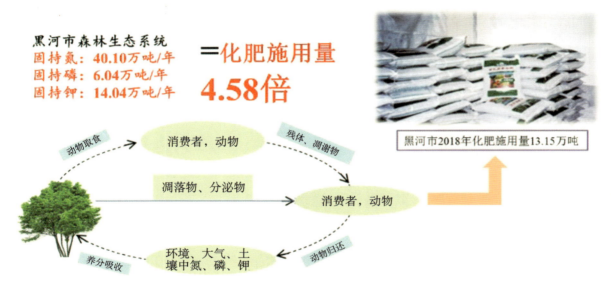

图 3-2　黑河市森林生态系统林木养分固持量

## 三、涵养水源

林地的水源管理功能需要得到足够的认识，它是人们生存安全以及可持续发展的基础（UK National Ecosystem Assessment, 2011）。黑河市位于黑龙江省北部，素有天鹅颈上明珠之称，具有丰富的水资源，辖区内 10 千米以上河流共 621 条，流域面积 1000 平方千米以上河流 19 条，属于黑龙江、嫩江两大水系，主要支流 5 条，即黑龙江流域的逊别拉河，嫩江流域的乌裕尔河、讷谟尔河、科洛河，松花江流域的通肯河，另有世界著名的五大连池火山堰塞湖。据 2018 年黑河市水资源数据显示，黑河市水资源总量为 160.4 亿立方米（黑龙江省统计年鉴，2019），其森林生态系统年涵养水源量（87.78 亿立方米）相当于全市水资源总量的 54.73%。2018 年末，黑河市大中型水库蓄水总量为 24.51 亿立方米，黑河市森林生态系统年涵养水源量相当于全市大中型水库蓄水总量的 3.58 倍，是山口水库库容的 8.82 倍（图 3-3）。由此可见，黑河市的森林生态系统可谓是"绿色""安全"的水库，对于维护黑河市内乃至黑龙江省的水资源安全起着十分重要的作用。

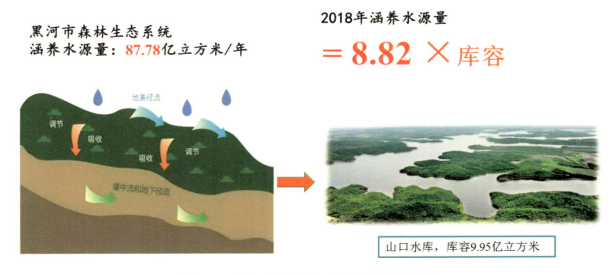

图 3-3　黑河市森林生态系统涵养水源量

### 四、固碳释氧

目前，碳中和问题成为政府和社会大众关注的热点。在实现碳中和的过程中，除了提升工业碳减排能力外，增强生态系统碳汇功能也是主要的手段之一，森林作为陆地生态系统的主体必将担任重要的角色。但是，由于碳汇方法学上的缺陷，我国森林生态系统碳汇能力被低估。主要原因是碳汇方法学存在缺陷，即推算森林碳汇量采用的材积源生物量法是通过森林蓄积量增量进行计算的，而一些森林碳汇资源并未被统计其中：其一，森林蓄积量没有统计特灌林和竹林，只体现了乔木林的蓄积量，而仅通过乔木林的蓄积量增量来推算森林碳汇量，忽略了特灌林和竹林的碳汇功能；竹林是森林资源中固碳能力最强的植物，在固碳机制上，属于碳四（$C_4$）植物，而乔木林属于碳三（$C_3$）植物。虽然没有灌木林蓄积量的统计数据，但我国特灌林面积广袤，也具有显著的碳中和能力。近40年来，我国竹林面积处于持续的增长趋势，增长量为309.81万公顷，增长幅度为93.49%；灌木林地（特灌林＋非特灌林灌木林）面积亦处于不断增长的过程中，近40年其面积增长了5倍。其二，疏林地、未成林造林地、非特灌林灌木林、苗圃地、荒山灌丛、城区和乡村绿化散生林木也没在森林蓄积量的统计范围之内，它们的碳汇能力也被忽略了。第九次全国森林资源清查结果显示，我国疏林地面积为342.18万公顷、未成林造林地面积为699.14万公顷、非特灌林灌木林面积1869.66万公顷、苗圃地面积为71.98万公顷、城区和乡村绿化散生林木株数为109.19亿株（因散生林木具有较高的固碳速率，可以相当于2000万公顷森林资源的碳中和能力）。其三，森林土壤碳库是全球土壤碳库的重要组成部分，也是森林生态系统中最大的碳库。森林土壤碳含量占全球土壤碳含量的73%，森林土壤碳含量是森林生物量的2～3倍(王兵等，

2021），它们的碳汇能力同样被忽略了。

基于以上分析和中国森林资源核算项目一期、二期、三期研究成果，王兵等（2021）提出了森林碳汇资源和森林全口径碳汇新理念。森林全口径碳汇能更全面地评估我国的森林碳汇资源，避免我国森林生态系统碳汇能力被低估，同时还能彰显出我国林业在碳中和中的重要地位。森林碳汇资源为能够提供碳汇功能的森林资源，包括乔木林、竹林、特灌林、疏林地、未成林造林地、非特灌林灌木林、苗圃地、荒山灌丛、城区和乡村绿化散生林木等。森林植被全口径碳汇＝森林资源碳汇（乔木林碳汇＋竹林碳汇＋特灌林碳汇）＋疏林地碳汇＋未成林造林地碳汇＋非特灌林灌木林碳汇＋苗圃地碳汇＋荒山灌丛碳汇＋城区和乡村绿化散生林木碳汇，其中，含 2.2 亿公顷森林生态系统土壤年碳汇增量。基于第九次全国森林资源清查数据，核算出我国森林全口径碳中和量为 4.34 亿吨，其中，乔木林植被层碳汇 2.81 亿吨、森林土壤碳汇 0.51 亿吨、其他森林植被层碳汇 1.02 亿吨（非乔木林）。近 40 年我国森林生态系统全口径碳汇总量为 117.70 亿吨碳当量，合 431.57 亿吨二氧化碳。根据中国统计年鉴统计数据，1978—2018 年，我国能源消耗总量折合成消费标准煤为 726.31 亿吨，利用碳排放转换系数（中国国家标准化管理委员会，2008），可知我国近 40 年工业二氧化碳排放总量为 2002.36 亿吨。经对比得出，近 40 年我国森林生态系统全口径碳汇总量约占工业二氧化碳排放总量的 21.55%，也就意味着中和了 21.55% 的工业二氧化碳排放量。

森林的不断扩张（即在森林达到稳定状态之前）已被确定为是增加碳储量和减缓气候变化的手段。生长速度快的物种与土地质量更好的地方不仅固碳速度快，还可以迅速生产出可利用的木材（UK National Ecosystem Assessment，2011）。黑河市作为北疆重镇，随着经济的高速增长，对能源的需求也大幅度增加。2018 年中国天然气管道公司开始实施从俄罗斯到中国上海的天然气管道铺设项目，天然气管道从黑河市入境中国，黑河市成为第一个受益城市，但天然气主要还是用于居民生活消耗，黑河市的主要能源还是来自于煤炭消费。2018 年黑河市能源的消费总量为 237.25 万吨标准煤（黑龙江省统计年鉴，2019），利用碳排放转换系数 0.68（中国国家标准化管理委员会，2008）换算可知，黑河市 2018 年二氧化碳排放量为 592.08 万吨。黑河市森林生态系统全口径碳汇为 510.98 万吨／年，转换成二氧化碳量为 1873.59 万吨／年，这相当于 2018 年全市碳排放量的 3.16 倍（图 3-4）。可见，黑河市 2018 年森林的固碳量远超过碳排放量，全市的二氧化碳排放量均可被中和。

与工业减排相比，森林固碳投资少、代价低，更具经济可行性和现实操作性。因此，通过森林吸收、固定二氧化碳是实现减排目标的有效途径。森林植被的碳汇能力对于我国实现碳中和目标尤为重要，在实现碳达峰、碳中和过程中，除了大力推动经济结构、能源结构、产业结构转型升级外，还应进一步加强以完善森林生态系统结构与功能为主线的生态系统修复和保护措施。通过完善森林经营方式，加强对疏林地和未成林造林地的管理，使其快速地达到森林认定标准（郁闭度大于 0.2），增强以森林生态系统为主体的森林全口径碳汇功能，加强绿色减排能力，提升林业在碳达峰与碳中和过程中的贡献，打造具有中国特色的碳中和之路。

图 3-4　黑河市森林生态系统固碳量

### 五、净化大气环境

黑河市生态环境良好，空气质量优良，是优秀旅游城市、国家卫生城市。黑河市工业二氧化硫年排放量为 3154.3 吨，氮氧化物年排放量为 3621.9 吨（黑龙江省统计年鉴，2019）。而黑河市森林生态系统二氧化硫吸收量为 40989.00 万千克/年，氮氧化物吸收量为 3282.72 万千克/年，是 2018 年黑河市工业二氧化硫排放量的 129.95 倍和氮氧化物排放量的 9.06 倍（图 3-5、图 3-6）。因此，黑河市森林在吸收大气污染物和净化大气环境方面的作用明显。

图 3-5　黑河市森林生态系统吸收二氧化硫量

图 3-6　黑河市森林生态系统吸收氮氧化物量

森林生态系统还可以提供大量的负离子，空气负离子是一种无形的旅游资源，具有杀菌、降尘、清洁空气的功效，被喻为"空气维生素与生长素"，对人体健康十分有益，能够改善肺器官功能，增加肺部吸氧量，促进人体新陈代谢，激活机体多种酶和改善睡眠，提高人体免疫力和抗病能力。随着森林生态旅游的兴起以及人们康养保健意识的增强，空气负离子作为一种重要的森林旅游资源，已经越来越受到人们的重视。2018 年黑河市森林生态系统提供负离子物质量为 $2233.87\times10^{22}$ 个/年，远高于城市中的负离子数量，居住在城市中的人们会选择前往森林进行游憩休息，呼吸新鲜空气，所以黑河市森林生态系统具有很强的旅游资源潜力。

森林作为陆地生态系统的主体，为全市社会发展提供着丰富多样的产品和服务。在维护生态安全，应对气候变化，保护生物多样性和支撑人类生存发展等方面发挥了十分独特而重要的作用，在推进生态文明建设中具有不可或缺的地位。从收益范围看，黑河市森林不仅为当地人民提供了多种生态服务，也对周边区域经济社会可持续发展发挥着重要的作用。同时，森林的固碳、保护生物多样性等生态服务，还产生了巨大的区域乃至全球环境效益。

## 第二节　各县（市、区）森林生态产品物质量评估结果

黑河市下辖 1 个市辖区 3 个县级市 2 个县。市辖区：爱辉区；县级市：北安市、五大连池市、嫩江市；县：孙吴县、逊克县，代管五大连池风景区。共 7 个统计单元的森林资源数据，根据本研究第一章中提及的公式评估出其各县（市、区）的森林生态产品的物质量。

黑河市各县（市、区）的森林生态产品物质量如表 3-2 所示，且各项森林生态产品物质量在各县（市、区）的空间分布格局如图 3-7 至图 3-24。

表 3-2 黑河市各县（市、区）森林生态产品物质量评估结果

| 县(市、区) | 支持服务 | | | | | | 调节服务 | | | | | | | | | | |
|---|---|---|---|---|---|---|---|---|---|---|---|---|---|---|---|---|---|
| | 保育土壤 | | | | 林分养分固持（万吨/年） | | 涵养水源（亿立方米/年） | 固碳释氧（万吨/年） | | 提供负离子（×10²²个/年） | 净化大气环境 | | | | | |
| | | 保肥 | | | | | | | | | 吸收气体污染物 | | | 滞尘 | | |
| | 固土 | 减少氮流失 | 减少磷流失 | 减少钾流失 | 减少有机质流失 | 氮固持 | 磷固持 | 钾固持 | | 固碳 | 释氧 | | 吸收二氧化硫（万千克/年） | 吸收氟化物（万千克/年） | 吸收氮氧化物（万千克/年） | 滞纳TSP（亿千克/年） | 滞纳PM$_{2.5}$（万千克/年） | 滞纳PM$_{10}$（万千克/年） |
| 逊克县 | 5010.01 | 14.05 | 8.08 | 91.34 | 254.04 | 11.93 | 1.78 | 4.19 | 27.52 | 164.23 | 798.56 | 726.78 | 13415.28 | 913.86 | 1025.90 | 333.05 | 103.77 | 377.16 |
| 爱辉区 | 4987.96 | 14.27 | 7.73 | 96.14 | 242.16 | 13.20 | 1.99 | 4.63 | 27.58 | 157.57 | 853.44 | 686.78 | 12554.39 | 984.96 | 1030.13 | 333.60 | 80.11 | 260.77 |
| 嫩江市 | 2570.69 | 7.22 | 4.06 | 49.30 | 122.76 | 6.68 | 0.98 | 2.47 | 13.97 | 81.79 | 438.13 | 381.55 | 6518.43 | 494.76 | 531.62 | 172.34 | 42.11 | 144.78 |
| 五大连池市 | 1140.39 | 3.34 | 1.73 | 21.21 | 59.00 | 2.80 | 0.44 | 0.92 | 6.36 | 36.43 | 179.87 | 150.47 | 2849.53 | 225.02 | 235.46 | 74.71 | 22.27 | 75.88 |
| 孙吴县 | 1110.97 | 3.25 | 1.68 | 21.28 | 55.61 | 2.93 | 0.46 | 0.95 | 6.26 | 34.78 | 186.50 | 140.12 | 2801.34 | 223.82 | 228.55 | 73.82 | 18.72 | 58.75 |
| 北安市 | 966.54 | 2.81 | 1.51 | 17.54 | 51.17 | 2.23 | 0.35 | 0.77 | 5.38 | 31.92 | 145.47 | 128.42 | 2515.80 | 190.98 | 203.35 | 64.28 | 19.27 | 69.41 |
| 五大连池风景区 | 132.99 | 0.38 | 0.21 | 2.46 | 6.81 | 0.31 | 0.05 | 0.11 | 0.72 | 4.26 | 20.68 | 19.76 | 334.22 | 25.77 | 27.70 | 8.94 | 2.66 | 9.67 |
| 合计 | 15919.55 | 45.31 | 24.99 | 299.27 | 791.55 | 40.10 | 6.04 | 14.04 | 87.78 | 510.98 | 2622.65 | 2233.87 | 40989.00 | 3059.17 | 3282.72 | 1060.75 | 288.91 | 996.43 |

## 一、保育土壤

固土量最高的 3 个县（市、区）为逊克县、爱辉区和嫩江市，分别为 5010.01 万吨/年、4987.96 万吨/年、2570.69 万吨/年，占全市森林生态系统总固土量的 78.95%；最低的 3 个县（市、区）为孙吴县、北安市、五大连池风景区，分别为 1110.97 万吨/年、966.54 万吨/年、132.99 万吨/年，仅占全市森林生态系统总固土量的 13.89%（图 3-7）。

水土流失是人类所面临的重要环境问题，已经成为经济社会可持续发展的一个重要的制约因素。黑河市水土流失区主要集中于嫩江市、北安市、五大连池市，嫩江市北部为多山丘陵地区，森林覆盖率高，植被良好，嫩江市南部、北安市、五大连池市处于松嫩平原范围内，主要以农业为主，人口密集，农业耕地面积较大，森林面积较小，长时间的农业种植造成土壤肥力降低，沙化严重，在降水、河流冲刷的情况下，水土流失严重。另外，森林凭借庞大的树冠、深厚的枯枝落叶层及强壮且成网络的根系截留大气降水，减少或免遭雨滴对土壤表层的直接冲击，有效地固持土体，降低了地表径流对土壤的冲蚀，土壤流失量大大降低，使该区域内分布的大型水库减少了大量泥沙淤积，有效延长了水库的使用寿命，其森林生态系统的固土作用为本区域社会经济发展提供了重要保障。

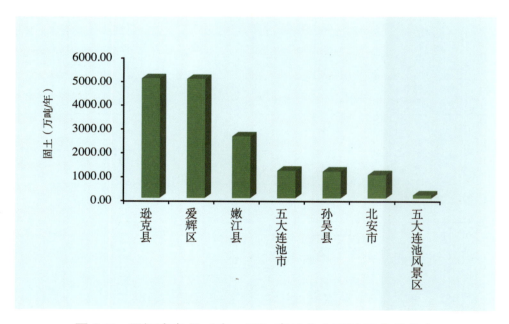

图 3-7 黑河市各县（市、区）森林生态系统固土量分布

保肥量最高的 3 个县（市、区）是逊克县、爱辉区、嫩江市，分别为 367.51 万吨/年、360.29 万吨/年和 183.34 万吨/年，占全市森林生态系统保肥总量的 78.47%；最低的 3 个县（市、区）是孙吴县、北安市、五大连池风景区，分别为 81.81 万吨/年、73.02 万吨/年和 9.86 万吨/年，仅占全市森林生态系统保肥总量的 14.18%（图 3-8 至图 3-11）。森林植被不仅在黑河市各县（市、区）调控土壤侵蚀方面发挥了不可替代的作用，使水土流失从总体

上得到控制,而且森林能够减少水流对土壤表面的冲刷,并且能够吸收固定氮、磷、钾等营养物质,通过生态系统调节氮、磷、钾等营养物质的释放,维持和改善土壤肥力,对提高森林生产力具有重要作用。从而确保社会、经济、生态的协调可持续发展。

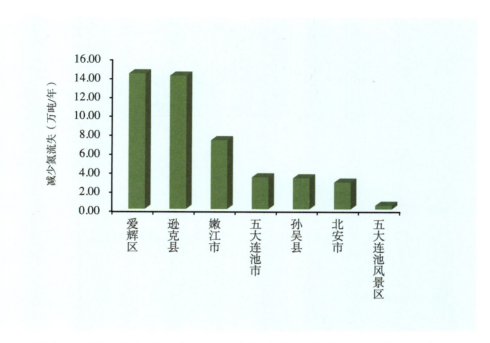

图 3-8 黑河市各县(市、区)森林生态系统减少氮流失量分布

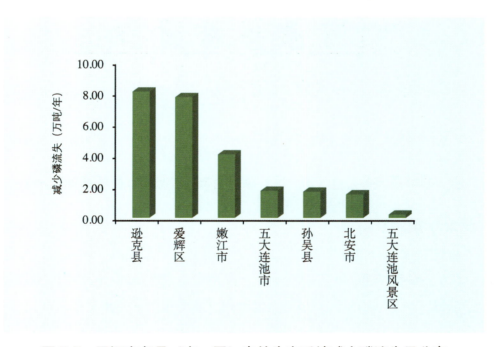

图 3-9 黑河市各县(市、区)森林生态系统减少磷流失量分布

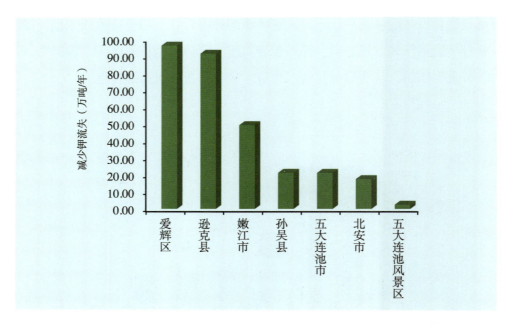

图 3-10 黑河市各县（市、区）森林生态系统减少钾流失量分布

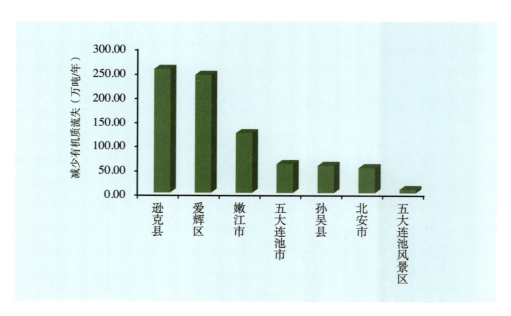

图 3-11 黑河市各县（市、区）森林生态系统减少有机质流失量分布

## 二、林木养分固持

林木养分固持量最高的 3 个县（市、区）是爱辉区、逊克县、嫩江市，分别为 19.81 万吨/年、17.91 万吨/年和 10.13 万吨/年，占全市森林生态系统林木养分固持总量的 79.51%；最低的 3 个县（市、区）是五大连池市、北安市、五大连池风景区，分别为 4.17 万吨/年、3.35 万吨/年和 0.47 万吨/年，仅占全市森林生态系统林木养分固持总量的 13.27%（图 3-12 至图 3-14）。

林木在生长过程中通过根系，叶片等器官不断地从周围环境中吸收营养物质固定在植物体中，成为全球生物化学循环不可缺少的环节。林木养分固持服务功能首先是维持自身生态系统的养分平衡，然后才是为人类提供生态系统服务。林木养分固持功能与保育土壤中的保肥功能，无论从机理、空间部位，还是计算方法上都有本质区别，前者属于生物地球化学循环的范畴，而保肥功能是从水土保持的角度考虑，即如果没有这片森林，每年水土流失中也将包含一定的营养物质，属于物理过程。从林木养分固持服务功能可以看出，黑河市北部和东南部地区爱辉区、逊克县、嫩江市的森林面积较大，森林覆盖率较高，森林通过自身生物化学过程固定的氮、磷、钾等营养物质量较多，林木养分固持物质量较大；黑河市西南部地区北安市、五大连池风景区的森林面积小、森林覆盖率相对较低，森林通过自身生物化学过程固定的氮、磷、钾等营养物质量较少，林木养分固持物质量较小。

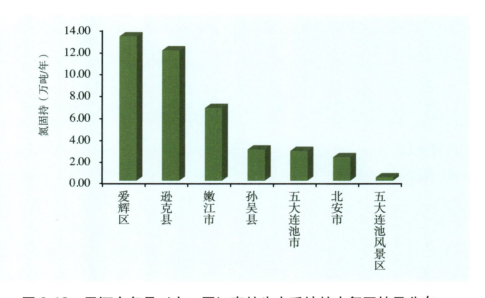

图 3-12 黑河市各县（市、区）森林生态系统林木氮固持量分布

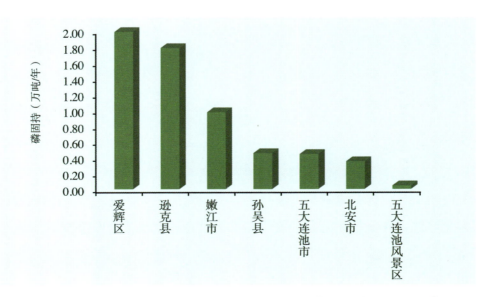

图 3-13 黑河市各县（市、区）森林生态系统林木磷固持量分布

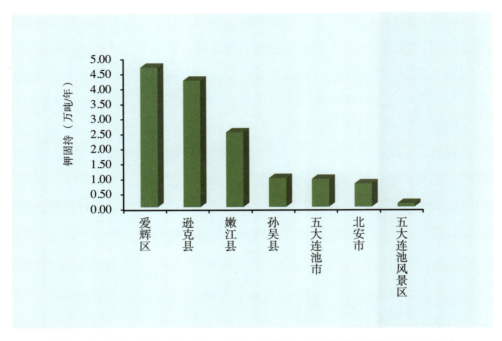

**图 3-14　黑河市各县（市、区）森林生态系统林木钾固持量分布**

### 三、涵养水源

调节水量最高的 3 个县（市、区）是爱辉区、逊克县、嫩江市，分别为 27.58 亿立方米 / 年、27.52 亿立方米 / 年和 13.97 亿立方米 / 年，占全市森林生态系统总调节水量的 78.68%；最低的 3 个县（市、区）是孙吴县、北安市、五大连池风景区，分别为 6.26 亿立方米 / 年、5.38 亿立方米 / 年和 0.72 亿立方米 / 年，仅占全市森林生态系统总调节水量的 14.08%（图 3-15）。黑河市由于夏季降雨集中而且多强降雨，森林生态系统的涵养水源功能可以起到拦蓄降水、消减洪峰的作用，降低了由于降水引起的洪涝灾害、地质灾害发生的可能性。另一方面，森林生态系统涵养水源功能能够延缓径流产生的时间，起到调节水资源在时间跨度上分配不均匀的作用。

从涵养水源服务功能可以看出，黑河市北部和东南部地区的逊克县、爱辉区、嫩江市，由于其辖区内森林面积较大，分别为 118.46 万公顷、96.91 万公顷和 49.92 万公顷，森林覆盖率较高，分别为 68.70%、64.98% 和 33.28%，涵养水源物质量较大。黑河市西南部地区北安市、五大连池风景区的森林面积小，分别为 22.65 万公顷、2.60 万公顷；森林覆盖率相对较低，分别为 32.13%、24.15%，涵养水源物质量较小。

黑河市各县（市、区）森林生态系统涵养水源功能大大降低了黑河市地质灾害发生的可能性，保障了黑河市人民生命财产安全。黑河市森林生态系统发挥的涵养水源功能在减少洪涝灾害，净化水质，干旱期缓减农田干旱，保证耕地用水、提高作物产量等方面起到很大的作用。

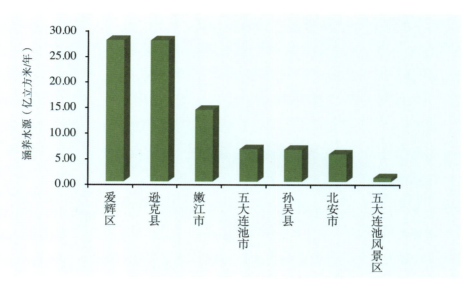

图 3-15　黑河市各县（市、区）森林生态系统涵养水源量分布

## 四、固碳释氧

英国科学家研究表明针叶林生长的高峰期，每年可从大气中吸收约 24 吨二氧化碳/公顷，生产性针叶作物的净长期平均吸收值约为 14 吨二氧化碳/（公顷·年）；栎树林在生长高峰期，二氧化碳储存速率约为 15 吨/（公顷·年），净长期平均二氧化碳吸收值约为 7 吨/（公顷·年）（UK National Ecosystem Assessment，2011）。固碳量最高的 3 个县（市、区）是逊克县、爱辉区、嫩江市，分别为 164.23 万吨/年、157.57 万吨/年和 81.79 万吨/年，占全市森林生态系统总固碳量的 78.98%；最低的 3 个县（市、区）是孙吴县、北安市、五大连池风景区，分别为 34.78 万吨/年、31.92 万吨/年和 4.26 万吨/年，仅占全市森林生态系统总固碳量的 14.21%（图 3-16）。释氧量最高的 3 个县（市、区）是爱辉区、逊克

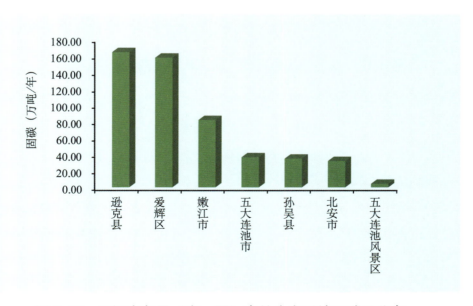

图 3-16　黑河市各县（市、区）森林生态系统固碳量分布

县、嫩江市，分别为853.44万吨/年、798.56万吨/年和438.13万吨/年，占全市森林生态系统总释氧量的79.70%；最低的3个县（市、区）是五大连池市、北安市、五大连池风景区，分别为179.87万吨/年、145.47万吨/年和20.68万吨/年，仅占全市森林生态系统总释氧量的13.19%（图3-17）。森林是陆地生态系统最大的碳储库，在全球碳循环过程中起着重要作用。就森林对储存碳的贡献而言，森林面积占全球陆地面积的27.6%，森林植被的碳贮量约占全球植被的77%，森林土壤的碳贮量约占全球土壤的39%（孙世群等，2008）。森林固碳机制是通过森林自身的光合作用过程吸收二氧化碳，并存储在树干、根部及枝叶等部分，从而抑制大气中二氧化碳浓度的上升，有效地起到了绿色减排的作用。森林生态系统具有较高的碳储存密度，即与其他土地利用方式相比，其单位面积内可以储存更多的有机碳。因而，提高森林碳汇功能是降低碳总量非常有效的途径（傅松玲等，2011）。

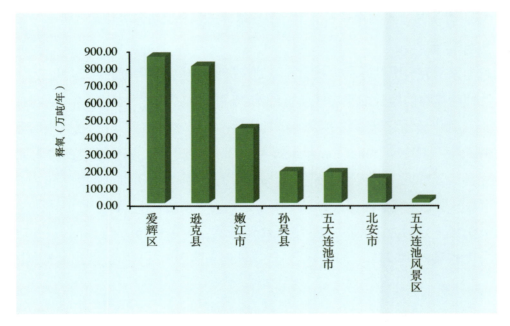

图3-17 黑河市各县（市、区）森林生态系统释氧量分布

从固碳释氧服务功能可以看出，黑河市北部和东南部地区固碳释氧物质量较大，黑河市西南部地区固碳释氧物质量较小。由于黑河市北部的爱辉区、嫩江市北部大部分地区属于大兴安岭南坡余脉，部分地区还在黑龙江沿岸保护地区范围内，保护力度较大，森林质量较好，森林覆盖率较高；黑河市东南部地区的逊克县属于小兴安岭北坡余脉，部分地区也在黑龙江沿岸保护地区范围内，而且逊克县南部林地以前属于黑龙江森工管理，多年植树造林、森林质量较好，逊克县森林面积在黑河市各县（市、区）内最大，所以黑河市北部和东南部地区森林面积大，单位面积的林木数量较多，并且质量较高，通过森林自身生物化学过程固定二氧化碳和释放氧气的量较大，固碳释氧物质量较大。黑河市西南部地区北安市、五大连池风景区属于松嫩平原，北安市属于农业市，农田面积大，人口多，人为对森林的破坏大，

森林面积小、森林覆盖率相对较低；五大连池风景区归属五大连池风景区管委会管理，辖区土地面积在黑河市各县（市、区）中最小，仅10.6万公顷，由于20世纪90年代黑龙江省实施速生丰产林整地，导致森林面积减少，剩余森林大部分生长于火山熔岩台地，森林质量差，森林通过自身生物化学过程固定二氧化碳和释放氧气的量较小，固碳释氧物质量较小。

### 五、净化大气环境

提供负离子量最高的3个县（市、区）是逊克县、爱辉区、嫩江市，分别为$726.78 \times 10^{22}$个/年、$696.78 \times 10^{22}$个/年和$381.55 \times 10^{22}$个/年，占全市森林生态系统提供负离子总量的80.36%；最低的3个县（市、区）是孙吴县、北安市、五大连池风景区，分别为$140.12 \times 10^{22}$个/年、$128.42 \times 10^{22}$个/年和$19.76 \times 10^{22}$个/年，仅占全市森林生态系统提供负离子总量的13.37%（图3-18）。

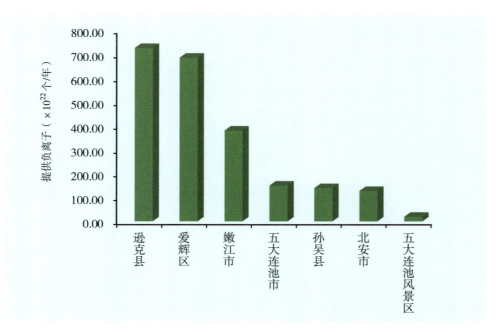

图3-18　黑河市各县（市、区）森林生态系统提供负离子量分布

经研究表明，黑龙江平山自然保护区、五大连池自然保护区等空气负离子浓度相对较高，使得负离子成为以上地区的重要森林旅游资源，这主要取决于该区当地森林植被覆盖率高，水文条件良好。

从空气负离子浓度方面来看，黑河市北部和东南部地区由于森林面积较大，森林覆盖率较高，森林质量较好，通过生物化学和物理方式产生负离子的概率很高，释放空气负离子的物质量较大；黑河市西南部地区的森林面积小，通过生物化学和物理方式产生负离子的概率很小，释放空气负离子的物质量较小。五大连池风景区拥有世界地质公园、国际绿色名录、世界生物圈保护区等生态桂冠；先后被列入国家级风景名胜区、国家AAAAA级旅游区、国家级自然保护区、中国矿泉水之乡、国家森林公园、中国著名火山之乡、国家自然遗产、中国国土资源科普基地、中国人与生物圈保护区及国家非物质文化遗产等，保存了类型多样且完整的火山地质地貌，拥有丰富的旅游产品、纯净的天然氧吧、珍稀的冷矿泉、灵验的洗疗泥疗、天然熔岩晒场、宏大的全磁环境、绿色健康食品和丰富的地域民族习俗等，形成了"世界顶级旅游资源"。五大连池风景区以氧吧、矿泉、地磁为主要特色。呼吸空气负离子的普通区域，高峰时段平均浓度高于 3000 个 / 立方厘米；呼吸负离子的最佳区域，高峰时段平均浓度高于 5000 个 / 立方厘米，但是由于五大连池风景区辖区面积较小，相对森林面积较低，所以产生的空气负离子量在黑河市的县（市、区）排序靠后。

森林吸收气体污染物并在体内转化分解，森林生态系统吸收的主要气体污染物有二氧化硫、氮氧化物和氟化物。吸收气体污染物量最高的 3 个县（市、区）是逊克县、爱辉区、嫩江市，分别为 15355.05 万千克 / 年、14569.48 万千克 / 年和 7544.80 万千克 / 年，占全市森林生态系统吸收气体污染物总量的 79.16%；最低的 3 个县（市、区）是孙吴县、北安市、五大连池风景区，分别为 3253.72 万千克 / 年、2910.13 万千克 / 年和 387.69 万千克 / 年，仅占全市森林生态系统吸收气体污染物总量的 13.84%（图 3-19 至图 3-21）。森林具有吸附、吸收污染物或阻碍污染物扩散的作用。森林的这种作用通过各种途径来实现：一方面树木通过叶片吸收大气中的有毒物质，降低大气有毒物的浓度；另一方面树木能使某些有毒物质在体内分解，转化为无毒物质后代谢利用（李晓阁，2005）。

从吸收气体污染物物质量可以看出，黑河市北部和东南部地区森林面积较大，森林覆盖率较高，森林质量较好，通过森林吸附气体污染物的量较大；黑河市西南部地区的森林面积小、森林覆盖率相对较低，通过森林吸附气体污染物的量较小。

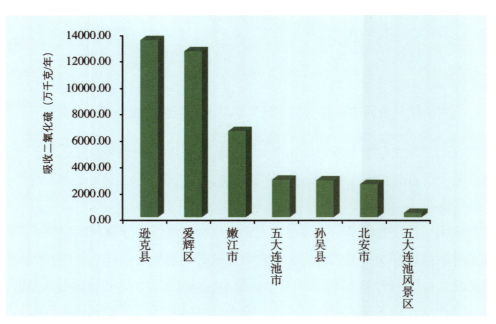

图 3-19　黑河市各县（市、区）森林生态系统吸收二氧化硫量分布

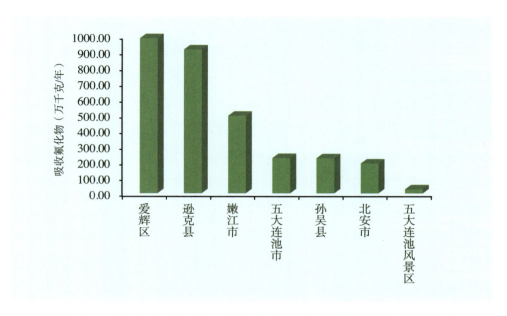

图 3-20　黑河市各县（市、区）森林生态系统吸收氟化物量分布

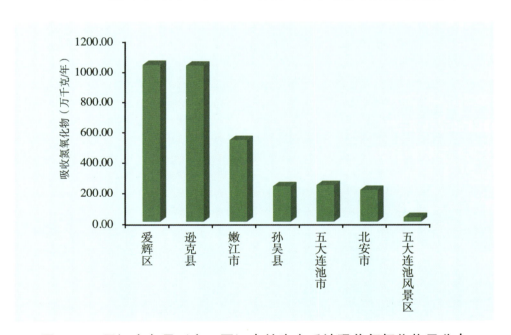

图 3-21　黑河市各县（市、区）森林生态系统吸收氮氧化物量分布

在西米德兰兹地区的研究发现，7% 的树木覆盖能够将 $PM_{10}$ 的浓度减少 4%，而如果森林覆盖率达到理论上线 54%，则能将 $PM_{10}$ 减少 26%（UK National Ecosystem Assessment，2011）。森林生态系统可以通过增加地表粗糙度，降低风速和枝叶的吸附作用，对大气颗粒物滞纳起重要的作用。滞纳 TSP 量最高的 3 个县（市、区）是爱辉区、逊克县、嫩江市，分别为 333.60 亿千克 / 年、333.05 亿千克 / 年和 172.34 亿千克 / 年，占全市森林生态系统滞纳 TSP 总量的 79.09%；最低的 3 个县（市、区）是孙吴县、北安市、五大连池风景区，分别为 73.82 亿千克 / 年、64.28 亿千克 / 年和 8.94 亿千克 / 年，仅占全市森林生态系统滞纳

TSP 总量的 13.95%（图 3-22）。滞纳 $PM_{10}$ 量最高的 3 个县（市、区）是逊克县、爱辉区、嫩江市，分别为 377.16 万千克/年、260.77 万千克/年和 144.78 万千克/年，占全市森林生态系统滞纳 $PM_{10}$ 总量的 78.55%；最低的 3 个县（市、区）是北安市、孙吴县、五大连池风景区，分别为 69.41 万千克/年、58.76 万千克/年和 9.67 万千克/年，仅占全市森林生态系统滞纳 $PM_{10}$ 总量的 15.55%（图 3-23）。滞纳 $PM_{2.5}$ 量最高的 3 个县（市、区）是逊克县、爱辉区、嫩江市，分别为 103.77 万千克/年、80.11 万千克/年和 42.11 万千克/年，占全市森林生态系统滞纳 $PM_{2.5}$ 总量的 78.22%；最低的 3 个县（市、区）是北安市、孙吴县、五大连池风景区，分别为 19.27 万千克/年、18.72 万千克/年和 2.66 万千克/年，仅占全市森林生态系统滞纳 $PM_{2.5}$ 总量的 15.30%（图 3-24）。森林的滞尘作用表现为：一方面由于森林茂密的林冠结构，可以起到降低风速的作用。随着风速的降低，空气中携带的大量空气颗粒物会加速沉降；另一方面，由于植物的蒸腾作用，使树冠周围和森林表面保持较大湿度，使空气颗粒物容易降落被吸附。最重要的还因为树体蒙尘之后，经过降水的淋洗滴落作用，使得植物又恢复了滞尘能力。树木的叶面积总数很大，森林叶面积的总和为其占地面积的数十倍，因此使其具有较强的吸附滞纳颗粒物能力。另外，植被对空气颗粒物有吸附滞纳、过滤的功能，其吸附滞纳颗粒物能力随植被种类、地区、面积大小、风速等环境因素不同而异，能力大小可相差十几倍到几十倍。所以，黑河市应充分发挥森林生态系统治污减霾的作用，调控区域内空气中颗粒物含量（尤其是 $PM_{2.5}$），有效的遏制雾霾天气的发生。黑河市北部和东南部地区的森林面积大，森林生态系统吸附滞纳颗粒物功能较强，有效地调减了县（市、区）内重污染区的空气颗粒物含量，有助于当地环境质量改善，对于创建蓝天白云、山清水秀的美丽宜居环境具有积极的促进作用。

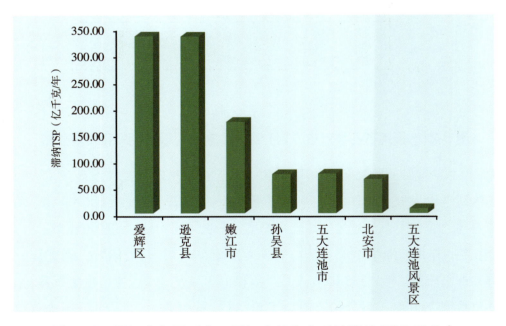

图 3-22　黑河市各县（市、区）森林生态系统滞纳 TSP 量分布

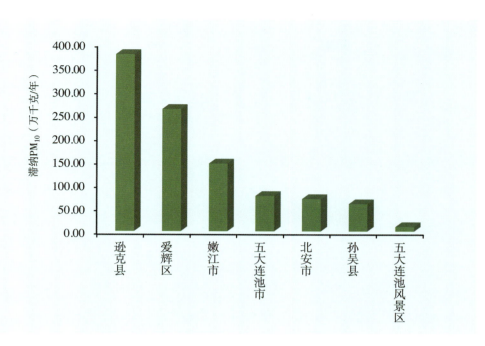

图 3-23　黑河市各县（市、区）森林生态系统滞纳 PM$_{10}$ 量分布

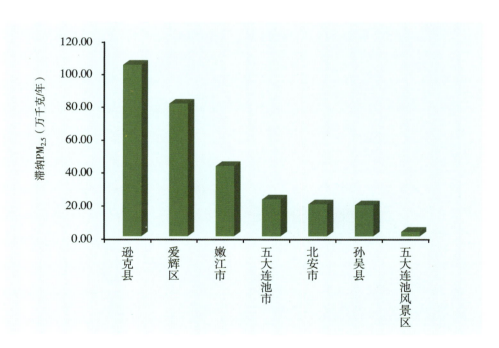

图 3-24　黑河市各县（市、区）森林生态系统滞纳 PM$_{2.5}$ 量分布

## 第三节　主要优势树种（组）生态产品物质量评估结果

本研究根据森林生态系统服务功能评估公式，并基于黑河市 2018 年森林资源二类调查数据，计算了主要优势树种（组）森林生态产品的物质量。为了计算说明方便，本研究将部

分优势树种（组）进行了合并处理。分为16个优势树种（组）。具体分布状况见表3-3。黑河市各优势树种（组）生态产品物质量见表3-4。

表3-3 黑河市各县（市、区）主要优势树种（组）面积

公顷

| 树种组 | 爱辉区 | 嫩江市 | 逊克县 | 孙吴县 | 北安市 | 五大连池市 | 五大连池风景区 |
|---|---|---|---|---|---|---|---|
| 冷杉 | | 0.26 | 50119.93 | | 529.08 | | |
| 云杉 | 1537.22 | 1391.54 | 37253.9 | 1436.12 | 4245.8 | 853.2 | 2.85 |
| 落叶松 | 65947.66 | 44006.3 | 203486.4 | 15600.47 | 33604.64 | 34760.4 | 4383.25 |
| 红松 | 169.48 | 20.05 | 8636.76 | 24.88 | 1416.26 | 14.04 | |
| 樟子松 | 4800.92 | 5511.51 | 3370.43 | 918.93 | 2684.72 | 1691.46 | 306.18 |
| 柞树 | 288010.4 | 112462.4 | 230736.8 | 81171.21 | 46480.87 | 76264.66 | 5332.96 |
| 桦木 | 596146.3 | 324265.6 | 580133.9 | 112407.4 | 96582.74 | 108243.5 | 12896.91 |
| 杨树 | 11255.49 | 9661.34 | 42483.94 | 2707.06 | 31779.93 | 14508.02 | 2461.28 |
| 水胡黄 | 29.35 | 384.23 | 479.51 | 209.96 | 767.15 | 167.63 | 34.21 |
| 柳树 | 585.88 | 1175.27 | 285.04 | 34.01 | 318.23 | 184.89 | 4.57 |
| 椴树 | 423.55 | 48.31 | 19440.14 | 257.25 | 3712.27 | 3973.17 | 131.29 |
| 榆树 | | | 2631.73 | 144.19 | 1583.04 | 147.83 | 39.53 |
| 阔叶混 | | 165.8 | 271.15 | 28.77 | 161.67 | 219.25 | |
| 经济林 | 5.15 | 3.99 | 6.41 | 0.25 | 105.91 | 22.27 | 0.4 |
| 其他树种 | 170.55 | 145.51 | 5309.43 | 49.41 | 2486.99 | 1202.67 | 4.23 |
| 灌木 | <0.01 | | <0.01 | | | | |
| 合计 | 969081.9 | 499242 | 1184645 | 214989.9 | 226459.3 | 242253 | 25597.66 |

## 一、保育土壤

通过增加植被、停止使用化肥能够促进土壤中微生物群落的形成及更多营养元素的利用，这有助于减少植物在生产过程中造成土壤养分的迅速流失（UK National Ecosystem Assessment，2011）。固土量最高的3种优势树种（组）为桦木、柞树、落叶松，占全市森林生态系统固土总量的92.66%；最低的3种优势树种（组）为阔叶混、经济林、灌木林，仅占全市森林生态系统固土总量的0.02%（图3-25）。桦木、柞树、落叶松在黑河市域内为

表 3-4　黑河市主要优势树种（组）森林生态产品物质量评估结果

| 优势树种（组） | 支持服务 | | | | | | | | | 调节服务 | | | | | | | | |
|---|---|---|---|---|---|---|---|---|---|---|---|---|---|---|---|---|---|---|
| | 保育土壤（万吨/年） | | | 保肥 | | | | | 调节水量（亿立方米/年） | 固碳释氧（万吨/年） | | 提供负离子（×10²² 个/年） | 净化大气环境 | | | | | |
| | | | | | | | | | | | | | 吸收气体污染物 | | | 滞尘 | | |
| | 固土 | 减少氮流失 | 减少磷流失 | 减少钾流失 | 减少有机质流失 | 氮固持 | 磷固持 | 钾固持 | | 固碳 | 释氧 | | 吸收二氧化硫（万千克/年） | 吸收氟化物（万千克/年） | 吸收氮氧化物（万千克/年） | 滞纳TSP（亿千克/年） | 滞纳PM₂.₅（万千克/年） | 滞纳PM₁₀（万千克/年） |
| 桦木组 | 8835.64 | 23.04 | 15.19 | 176.59 | 371.09 | 24.39 | 3.22 | 11.01 | 45.71 | 291.71 | 1671.68 | 1572.08 | 22972.28 | 1622.57 | 1857.22 | 613.17 | 96.75 | 361.62 |
| 柞树组 | 4084.22 | 13.90 | 4.85 | 77.85 | 242.19 | 11.52 | 2.18 | 1.74 | 26.52 | 121.13 | 644.30 | 125.50 | 9577.14 | 999.05 | 829.86 | 261.94 | 74.02 | 145.58 |
| 落叶松组 | 1831.83 | 5.19 | 2.98 | 27.55 | 106.88 | 2.09 | 0.32 | 0.65 | 8.13 | 56.71 | 150.04 | 459.98 | 4326.01 | 193.69 | 330.05 | 98.87 | 94.89 | 398.87 |
| 杨树组 | 485.32 | 1.73 | 0.75 | 8.29 | 34.37 | 0.81 | 0.06 | 0.14 | 3.05 | 18.15 | 53.91 | 30.00 | 1276.12 | 143.98 | 123.10 | 41.88 | 6.82 | 25.15 |
| 冷杉组 | 194.40 | 0.48 | 0.46 | 2.31 | 11.80 | 0.34 | 0.02 | 0.05 | 1.37 | 6.40 | 38.24 | 13.60 | 594.29 | 22.76 | 38.91 | 17.22 | 5.63 | 21.78 |
| 云杉组 | 156.50 | 0.25 | 0.27 | 2.10 | 8.15 | 0.27 | 0.01 | 0.04 | 0.95 | 5.25 | 17.84 | 14.16 | 1379.21 | 18.27 | 28.21 | 12.49 | 4.42 | 17.09 |
| 椴树组 | 92.92 | 0.24 | 0.11 | 1.47 | 5.32 | 0.28 | 0.04 | 0.16 | 0.64 | 4.17 | 20.94 | 2.28 | 216.36 | 21.00 | 22.77 | 5.01 | 0.32 | 1.09 |
| 其他树种组 | 81.73 | 0.15 | 0.15 | 1.21 | 3.93 | 0.15 | 0.15 | 0.15 | 0.45 | 1.29 | 9.22 | 0.83 | 212.72 | 10.27 | 18.73 | 0.15 | 0.15 | 0.15 |
| 樟子松组 | 80.29 | 0.06 | 0.05 | 0.52 | 2.87 | 0.08 | 0.01 | 0.03 | 0.44 | 2.80 | 6.13 | 11.75 | 222.98 | 13.48 | 16.71 | 4.19 | 3.62 | 15.22 |
| 红松组 | 40.29 | 0.11 | 0.12 | 0.67 | 2.90 | 0.06 | 0.01 | 0.02 | 0.27 | 1.91 | 5.19 | 1.80 | 123.66 | 5.90 | 9.29 | 3.19 | 1.98 | 8.31 |
| 榆树组 | 15.07 | 0.06 | 0.02 | 0.31 | 0.70 | 0.05 | 0.01 | 0.02 | 0.10 | 0.65 | 2.36 | 0.39 | 38.90 | 4.08 | 3.39 | 1.20 | 0.11 | 0.56 |
| 柳树组 | 10.65 | 0.04 | 0.02 | 0.23 | 0.45 | 0.02 | <0.01 | <0.01 | 0.06 | 0.34 | 1.52 | 1.22 | 24.30 | 2.76 | 2.20 | 0.68 | 0.14 | 0.77 |
| 水胡黄组 | 7.81 | 0.04 | 0.01 | 0.12 | 0.77 | 0.02 | <0.01 | 0.01 | 0.05 | 0.35 | 0.92 | 0.24 | 18.26 | 0.88 | 1.61 | 0.57 | 0.01 | 0.05 |
| 阔叶混交组 | 2.74 | 0.01 | <0.01 | 0.05 | 0.12 | <0.01 | <0.01 | <0.01 | 0.02 | 0.11 | 0.34 | 0.06 | 6.43 | 0.45 | 0.63 | 0.17 | 0.05 | 0.20 |
| 经济林组 | 0.14 | <0.01 | <0.01 | <0.01 | <0.01 | <0.01 | <0.01 | <0.01 | <0.01 | 0.01 | 0.01 | <0.01 | 0.34 | 0.02 | 0.03 | 0.01 | <0.01 | 0.01 |
| 灌木林组 | 0.01 | <0.01 | <0.01 | <0.01 | <0.01 | <0.01 | <0.01 | <0.01 | <0.01 | <0.01 | <0.01 | <0.01 | 0.01 | <0.01 | <0.01 | <0.01 | <0.01 | <0.01 |
| 合计 | 15919.55 | 45.31 | 24.99 | 299.27 | 791.55 | 40.10 | 6.04 | 14.04 | 87.78 | 510.98 | 2622.65 | 2233.87 | 40989.00 | 3059.17 | 3282.72 | 1060.75 | 288.91 | 996.43 |

主要分布优势树种（组），占全市森林资源面积的91.28%，这3个优势树种（组）的固土功能体现在防治山区水土流失、保护黑河市边境地区国土安全、守好耕地红线等方面，为该区域社会经济发展提供了重要保障，为生态效益科学量化补偿提供了技术支撑。另外，桦木、柞树、落叶松的固土功能还极大限度地固定土壤，减少水流冲刷，减少河道和水库淤积，提高了水库的使用寿命，保障了水库河流周边人们的生命财产安全和黑河市的用水安全。

保肥量最高的3种优势树种（组）为桦木、柞树、落叶松，占全市森林生态系统保肥总量的91.92%；最低的3种优势树种（组）为阔叶混、经济林、灌木林，仅占全市森林生态系统保肥总量的0.02%（图3-26至图3-29）。伴随着土壤的侵蚀、水土流失，大量的土壤养分也随之被带走，一旦进入水库或者湿地，长期蓄积，极有可能引发水体的富营养化，导致水体营养过剩，发生更为严重的生态灾难。其次，由于土壤侵蚀、水土流失，导致土壤贫瘠化，人们为了增加作物产量，便会加大肥料使用量，继而带来严重的面源污染，使其进入一种恶性循环。所以，森林生态系统的保育土壤功能对于保障生态环境安全具有非常重要的作用，在黑河市所有的优势树种（组）中，桦木、柞树、落叶松的作用最大，黑河市森林由于前期过度采伐，大面积森林为次生林，桦木组为天然更新的先锋树种，同时伴随着柞树，在黑河市大部分辖区内都有很大面积的分布，是黑河市区域内的主要优势树种（组）；黑河市作为明亮针叶林分布的南缘，落叶松为黑河市地区的典型代表树种，无论是天然分布，还是后期的人工种植，都占据一定的面积，在黑河市森林保育土壤生态服务功能中发挥着重要的作用。

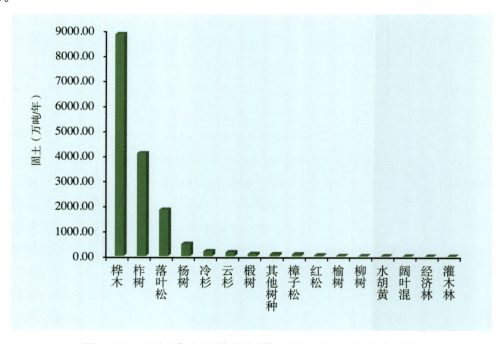

图3-25 黑河市主要优势树种（组）固土量分布格局

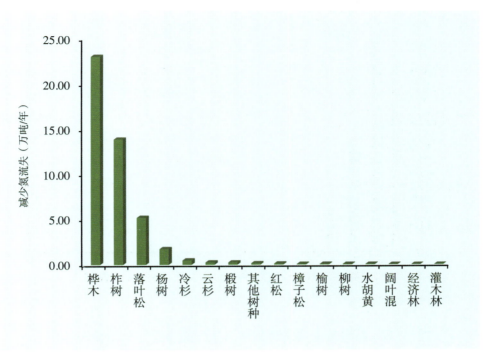

图 3-26 黑河市主要优势树种（组）减少氮流失量分布格局

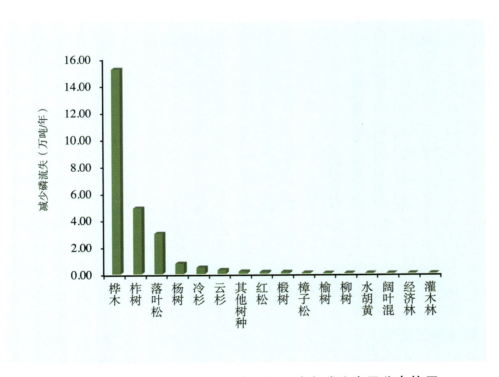

图 3-27 黑河市主要优势树种（组）减少磷流失量分布格局

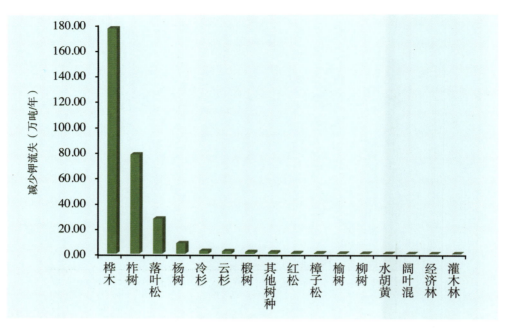

图 3-28　黑河市主要优势树种（组）减少钾流失量分布格局

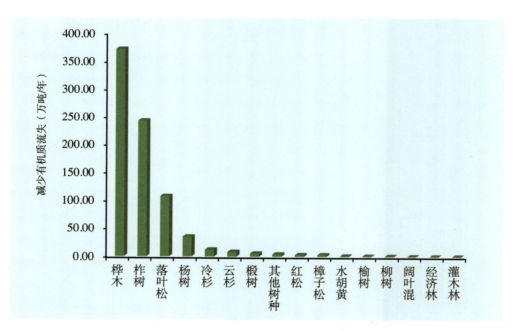

图 3-29　黑河市主要优势树种（组）减少有机质流失量分布格局

## 二、林木养分固持

根据英国学者的研究发现在林地覆盖率降低后，许多高地地区出现了严重的土壤灰化现象，林木的养分固持功能有助于改善土壤养分流失（UK National Ecosystem Assessment, 2011）。林木养分固持物质量最高的 3 种优势树种（组）为桦木、柞树、落叶松，占全市森林生态系统林木养分固持总量的 94.93%；最低的 3 种优势树种（组）为阔叶混、经济林、灌木林，仅占全市森林生态系统林木养分固持总量的 0.02%（图 3-30 至图 3-32）。林木养分固持是林木在生长过程中不断从周围环境吸收营养物质,固定在植物体内。桦木、柞树、落叶松为黑河市区域内主要分布树种组,占全市森林资源面积的91.28%,在全市森林占比中占据绝对优势。森林在每时每刻都进行着生物化学反应,不间断地连续地发挥着林木养分固持生态服务功能,将多余的碳固定到树木体内,释放出氧气,同时还会将土壤中的氮、磷、钾等养分吸收到植物体内,作为一个巨大的养分库保存起来,缓慢释放,从而减少了因水土流失而带来的养分损失,从而降低水库和湿地水体富营养化。

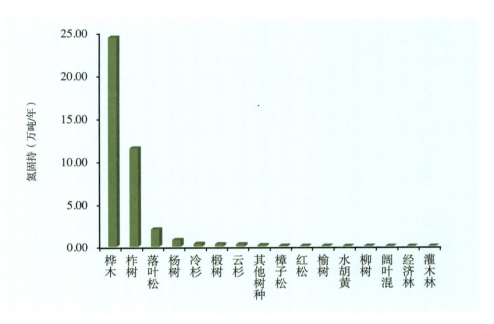

图 3-30 黑河市主要优势树种(组)林木氮固持量分布格局

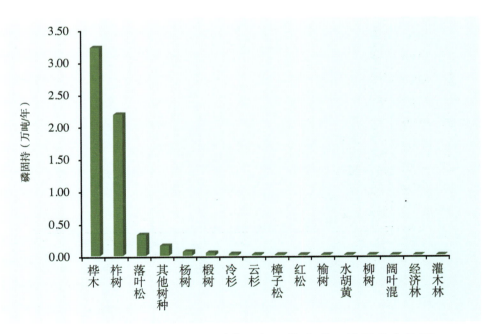

图 3-31 黑河市主要优势树种(组)林木磷固持量分布格局

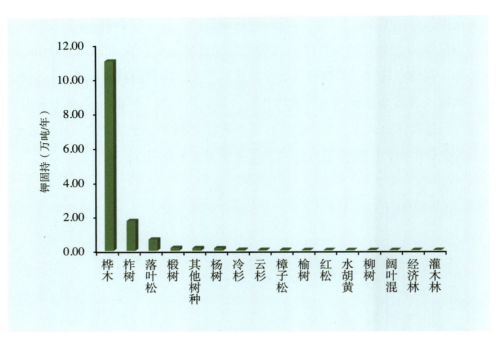

图 3-32　黑河市主要优势树种（组）林木钾固持量分布格局

### 三、涵养水源

调节水量最高的 3 种优势树种（组）为桦木、柞树、落叶松，占全市森林生态系统调节水量总量的 91.54%；最低的 3 种优势树种（组）为阔叶混、经济林、灌木林，仅占全市森林生态系统调节水量总量的 0.02%（图 3-33）。

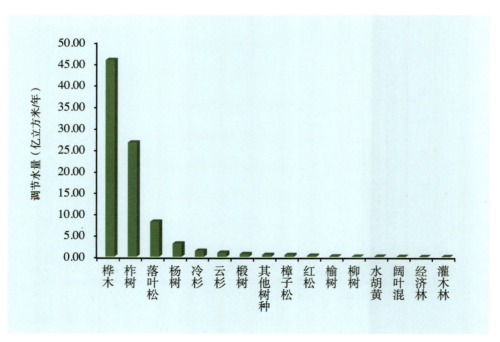

图 3-33　黑河市主要优势树种（组）调节水量分布格局

从各县（市、区）优势树种（组）分布来看，桦木、柞树和落叶松在全市辖区各个区域都有分布，无形中成为了一个巨大的绿色安全的天然水库，起到调节水量的作用，以上3个优势树种（组）调节水量相当于全市水资源总量（160.4亿立方米）的50.10%，桦木、柞树和落叶松的涵养水源功能对黑河市的水资源安全起着非常重要的作用。另外，黑河市有99个水库和黑龙江省近五分之一的湿地，森林生态系统的调节水量功能可以很好的保障水库和湿地的水资源供给，为人们的生产生活安全提供了一道绿色屏障。

### 四、固碳释氧

固碳量最高的3种优势树种（组）为桦木、柞树、落叶松，占全市森林生态系统固碳总量的91.89%；最低的3种优势树种（组）为阔叶混、经济林、灌木林，仅占全市森林生态系统固碳总量的0.02%（图3-34）。释氧量最高的3种优势树种（组）为桦木、柞树、落叶松，占全市森林生态系统释氧总量的94.03%；最低的3种优势树种（组）为阔叶混、经济林、灌木林，仅占全市森林生态系统释氧总量的0.01%（图3-35）。

从以上评估结果可知，桦木、柞树和落叶松在固碳释氧方面的作用显得尤为突出。3个优势树种（组）资源分布广泛，尤其是桦木、柞树单株树木平均叶面积较大，吸收二氧化碳、释放氧气的能力较强。3个优势树种（组）大面积的森林资源在削减空气中二氧化碳浓度起到十分重要的作用，同时释放出大量的氧气来满足生物正常需求，在黑河市森林生态固碳释氧服务功能中做出了巨大的贡献，为黑河市的森林生态效益科学量化补偿以及跨区域的生态效益科学量化补偿提供基础科学的数据。

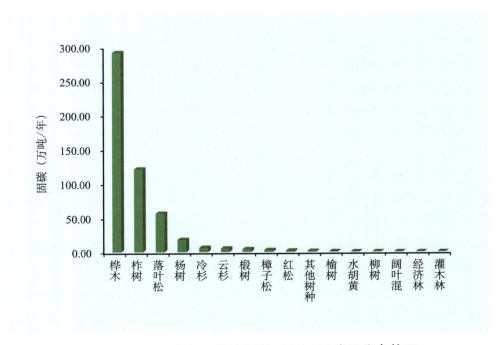

图3-34 黑河市主要优势树种（组）固碳量分布格局

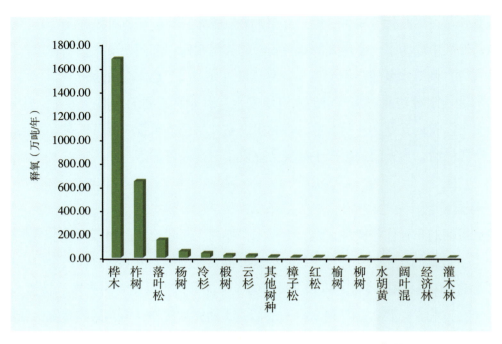

图 3-35　黑河市主要优势树种（组）释氧量分布格局

### 五、净化大气环境

提供负离子量最高的 3 种优势树种（组）为桦木、柞树、落叶松，占全市森林生态系统提供负离子总量的 96.58%；最低的 3 种优势树种（组）为阔叶混、经济林、灌木林，仅占全市森林生态系统提供负离子总量的 0.003%（图 3-36）。空气负离子被誉为"空气维生素与生长素"，具有杀菌、降尘、清洁空气等作用，越来越受到人们的关注和重视。桦木组、柞树组、落叶松组森林生态系统所提供的空气负离子，对提升黑河市旅游资源质量具有十分重要的作用。

吸收气体污染物量最高的 3 种优势树种（组）为桦木、柞树、落叶松，占全市森林生态系统吸收气体污染总量的 90.23%；最低的 3 种优势树种（组）为阔叶混、经济林、灌木林，仅占全市森林生态系统吸收气体污染总量的 0.02%（图 3-37 至图 3-39）。

滞纳 TSP 量最高的 3 种优势树种（组）为桦木、柞树、落叶松，占全市森林生态系统滞纳 TSP 总量的 91.82%；最低的 3 种优势树种（组）为阔叶混、经济林、灌木林，仅占全市森林生态系统滞纳 TSP 总量的 0.02%（图 3-40）。滞纳 $PM_{2.5}$ 量最高的 3 种优势树种（组）为桦木、柞树、落叶松，占全市森林生态系统滞纳 $PM_{2.5}$ 总量的 91.95%；最低的 3 种优势树种（组）为阔叶混、经济林、灌木林，仅占全市森林生态系统滞纳 $PM_{2.5}$ 总量的 0.02%（图 3-41）。滞纳 $PM_{10}$ 量最高的 3 种优势树种（组）为桦木、柞树、落叶松，占全市森林生态系统滞纳 $PM_{10}$ 总量的 90.93%；最低的 3 种优势树种（组）为阔叶混、经济林、灌木林，仅占全市森林生态系统滞纳 $PM_{10}$ 总量的 0.02%（图 3-42）。

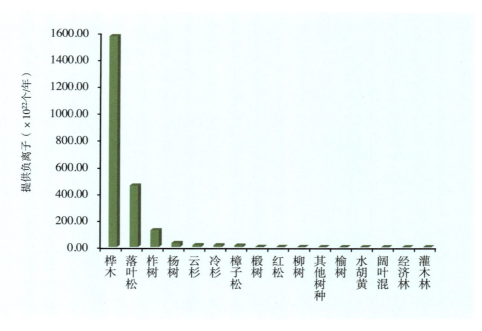

图 3-36 黑河市主要优势树种（组）提供负离子量分布格局

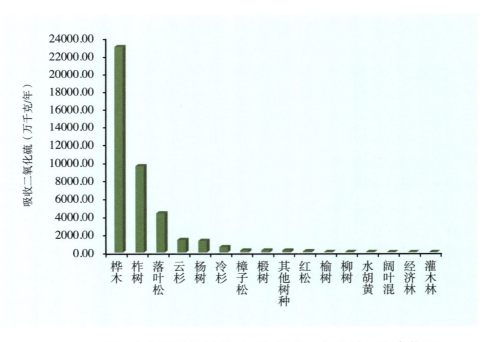

图 3-37 黑河市主要优势树种（组）吸收二氧化硫量分布格局

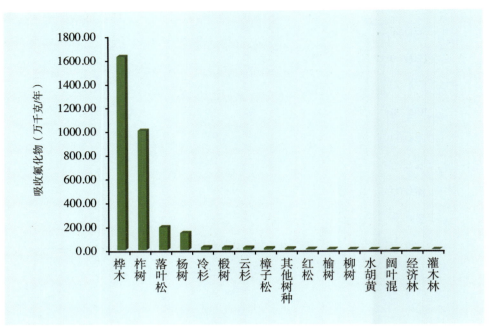

图 3-38　黑河市主要优势树种（组）吸收氟化物量分布格局

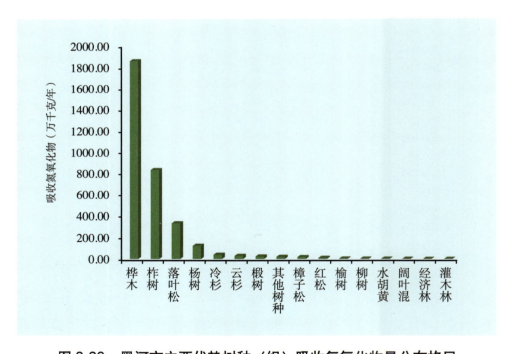

图 3-39　黑河市主要优势树种（组）吸收氮氧化物量分布格局

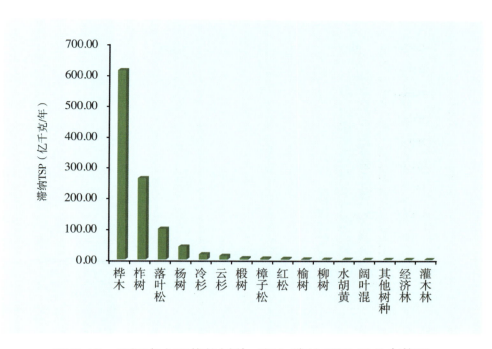

图 3-40　黑河市主要优势树种（组）滞纳 TSP 量分布格局

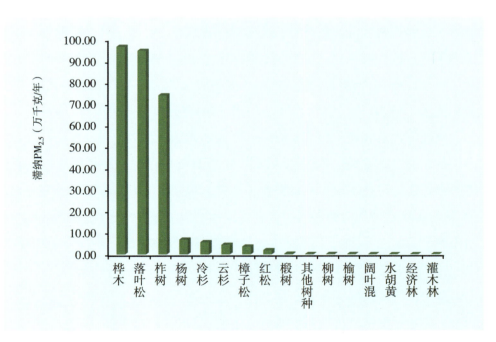

图 3-41　黑河市主要优势树种（组）滞纳 $PM_{2.5}$ 量分布格局

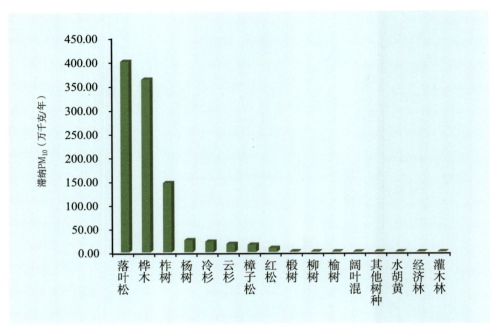

**图 3-42　黑河市主要优势树种（组）滞纳 $PM_{10}$ 量分布格局**

通过以上结果可知，各优势树种（组）生态产品物质量排序前三位的为桦木、柞树、落叶松，排最后三位的为阔叶混、经济林、灌木林。由表 3-3 可知，各优势树种（组）面积所占比例，排序前三位的同样为桦木、柞树、落叶松，而排序后三位的亦为阔叶混、经济林、灌木林。继而可知，各优势树种（组）生态产品物质量的大小与其面积呈正相关性；另外，由蓄积与面积比还可看出，这几个优势树种（组）的林分质量强于其他优势树种（组），这也是其生态系统服务起主导作用的主要原因，因为生物量的高生长也会带动其他森林生态系统服务功能项的增强（谢高地，2003）。同时，乔木林的各项生态系统服务均高于经济林和灌木林。黑河市各优势树种（组）中，桦木、柞树、落叶松的各项生态系统服务功能强于其他优势树种（组），这 3 种优势树种（组）在黑河市域内为主要分布优势树种（组），占全市森林资源面积的 91.28%，保证了其森林生态系统服务的正常发挥。黑河市从 2009 年开始全面停止了国有林木商业性采伐，同时大规模植树造林、封山育林，同时进行科学抚育，使黑河市森林生态系统保持较高的完整性、稳定性，且人为干扰较低，森林生态系统结构较为合理，可以高效、稳定地发挥其生态系统服务（宗雪，2008）。

# 第四章
# 黑河市森林生态产品价值量评估

生态系统服务用于描述生态系统对经济和其他人类活动所受惠益的贡献（例如所开采的自然资源，碳固存和休闲机会）(SEEA, 2012)。SEEA生态系统实验账户针对不同生态系统服务货币价值评估，也提供了一些建议的定价方法。主要包括以下几种：①单位支援租金定价法；②替代成本方法；③生态系统服务付费和交易机制。在森林生态系统服务功能价值量评估中主要采用等效替代原则，并用替代品的价格进行等效替代核算某项评估指标的价值量（SEEA, 2003）。同时，在具体选取替代品的价格时，应遵守权重当量平衡原则，考虑计算所得的各评估指标价值量在总价量中所占的权重，使其保证相对平衡，依据国家标准《森林生态系统服务功能评估规范》(GB/T 38582—2020)，采用分布式测算方法，对黑河市森林生态系统保育土壤、林木养分固持、涵养水源、固碳释氧、净化大气环境、森林防护、生物多样性保护、林木产品供给和森林康养9项服务功能价值量进行了评估。本次评估将森林康养价值和林木产品供给价值以森林生态系统进行评估，并未按照各县（市、区）和各优势树种（组）单独评估。

## 第一节　各县（市、区）森林生态产品价值量评估结果

黑河市森林生态产品价值量空间分布具有明显的差异性，总体上呈现逊克县、爱辉区高，嫩江市次之，五大连池风景区最低的变化规律。逊克县、爱辉区、嫩江市森林生态产品价值量较大。占到全市森林生态产品总价值量的78.15%。五大连池风景区森林生态产品价值量最小，占全市森林生态产品总价值量的0.79%。在今后的发展过程中，森林资源对于社会经济未来的发展具有潜在巨大的推动作用，只要我们加大生态保护修复力度，充分发挥森林的涵养水源、水土保持、净化大气环境、防风固沙、生物多样性保护等方面的重要作用，

就能够有效调节自然水源，促进旱时供水，涝时蓄水，实现青山常在、碧水长流，就能为人民提供更多亲近森林，享受自然，休闲康养的活动场所，让更多森林成为人与自然和谐共生的健康福地。黑河市各县（市、区）的森林生态产品价值量的空间分布格局如图4-1、表4-1。

各县（市、区）的每项功能以及总的森林生态产品的分布格局，与黑河市各县（市、区）森林资源自身的属性和所处地理位置有直接的关系。黑河市森林经过长期开发和利用，林木资源发生了显著的变化。黑河市北部地区资源丰富、森林面积较大。而这些丰富的森林资源由于构成、所处地区等不同，因此发挥了不同的生态效益。

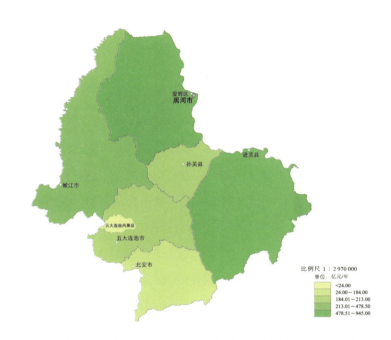

图 4-1　黑河市各县（市、区）森林生态产品总价值量空间分布

表 4-1　黑河市各县（市、区）森林生态产品价值量评估结果

亿元/年

| 县（市、区） | 支持服务 | | 调节服务 | | | | 供给服务 | | 文化服务 | 合计 |
|---|---|---|---|---|---|---|---|---|---|---|
| | 保育土壤 | 林木养分固持 | 涵养水源 | 固碳释氧 | 净化大气环境 | 森林防护 | 生物多样性保护 | 林木产品供给 | 森林康养 | |
| 爱辉区 | 160.12 | 44.86 | 272.23 | 168.85 | 117.69 | 1.06 | 161.39 | | | 926.20 |
| 逊克县 | 158.43 | 40.52 | 271.62 | 158.16 | 117.96 | 0.17 | 197.82 | | | 944.69 |
| 嫩江市 | 81.98 | 22.72 | 137.85 | 86.70 | 61.03 | 4.87 | 83.29 | | | 478.44 |
| 孙吴县 | 35.80 | 9.95 | 61.78 | 36.90 | 25.95 | | 35.34 | | | 205.73 |
| 五大连池市 | 36.56 | 9.54 | 62.73 | 35.62 | 26.34 | 2.78 | 39.44 | | | 213.00 |

(续)

| 县（市、区） | 支持服务 | | 调节服务 | | | | 供给服务 | | 文化服务 | 合计 |
|---|---|---|---|---|---|---|---|---|---|---|
| | 保育土壤 | 林木养分固持 | 涵养水源 | 固碳释氧 | 净化大气环境 | 森林防护 | 生物多样性保护 | 林木产品供给 | 森林康养 | |
| 北安市 | 30.85 | 7.62 | 53.08 | 28.83 | 22.66 | 3.98 | 36.53 | | | 183.54 |
| 五大连池风景区 | 4.25 | 1.06 | 7.13 | 4.10 | 3.17 | 0.00 | 4.18 | | | 23.89 |
| 合计 | 507.98 | 136.27 | 866.42 | 519.15 | 374.80 | 12.87 | 558.00 | 9.68 | 20.92 | 3006.09 |

注：林木产品供给、森林康养价值量评估以整个生态系统进行核算。

## 一、保育土壤

土壤资源是环境中的一个基本组成部分，它们提供支持生物资源生产和循环所需的物质基础，是农业系统和森林系统的营养素和水的来源，为多种多样的生物提供生境，在碳固存方面发挥着至关重要的作用，对环境变化起到复杂的缓冲作用（SEEA，2012）。黑河市保育土壤功能价值量最高的3个县（市、区）是爱辉区、逊克县、嫩江市，分别为160.12亿元/年、158.43亿元/年和81.98亿元/年，占全市森林生态系统保育土壤总价值量的78.85%；最低的3个县（市、区）是孙吴县、北安市、五大连池风景区，分别为35.80亿元/年、30.85亿元/年和4.25亿元/年，仅占全市森林生态系统保育土壤总价值量的13.96%（图4-2）。爱辉区、逊克县和嫩江市森林生态系统保育土壤价值相当于黑河市2018年GDP的79.30%（黑河市统计年鉴，2019），因此，爱辉区、逊克县和嫩江市森林生态系统保育土壤功能对于黑河市具有重要意义。以上地区属于黑龙江、嫩江流域重要的干支流流经区域，

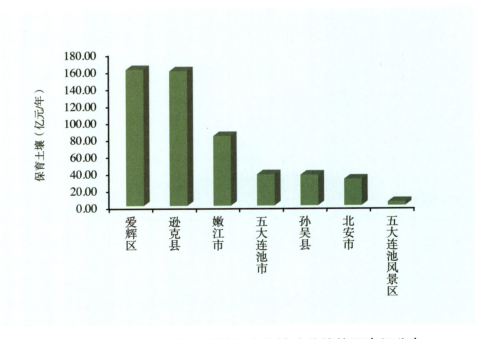

图4-2 黑河市森林生态系统保育土壤功能价值量空间分布

区域内还分布有黑河市大型水库，其森林生态系统的固土作用极大地保障了生态安全以及延长了水库的使用寿命，为本区域社会经济发展提供了重要保障。在地质灾害防御方面，黑河市属于低山丘陵地区，经常发生洪涝等地质灾害，每年都有不同类型的地质灾害发生，给人民生命财产和国家经济建设造成重大损失（赵海卿等，2004）。所以，森林生态系统保育土壤功能对于降低黑河市地质灾害而造成的经济损失、保障人民生命财产安全，具有非常重要的作用。

## 二、林木养分固持

林木养分固持功能价值量最高的 3 个县（市、区）是爱辉区、逊克县、嫩江市，分别为 44.86 亿元/年、40.52 亿元/年和 22.72 亿元/年，占全市森林生态系统林木养分固持功能总价值量的 79.32%；最低的 3 个县（市、区）是五大连池市、北安市、五大连池风景区，分别为 9.54 亿元/年、7.62 亿元/年和 1.06 亿元/年，仅占全市森林生态系统林木养分固持功能价值量的 13.67%（图 4-3）。爱辉区、逊克县和嫩江市森林生态系统林木养分固持功能价值量相当于黑河市 2018 年 GDP 的 21.40%（黑河市统计年鉴，2019），可见其森林生态系统林木养分固持功能对于黑河市的重要性。林木在生长过程中不断从周围环境吸收营养物质，固定在植物体中，成为全球生物化学循环不可缺少的环节。林木养分固持功能首先是维持自身生态系统的养分平衡，其次才是为人类提供生态系统服务。林木养分固持功能可以使土壤中部分养分元素暂时的保存在植物体内，在之后的生命循环过程中再归还到土壤中，这样可以暂时降低因水土流失而带来的养分元素的损失。一旦土壤养分元素损失就会导致土壤贫瘠化，若想再保持土壤原有的肥力水平，就需要通过人为的方式向土壤中输入养分。

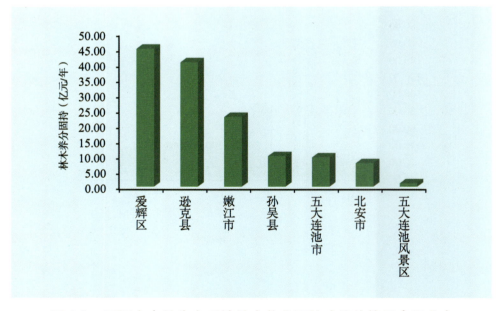

图 4-3 黑河市森林生态系统林木养分固持功能价值量空间分布

### 三、绿色水库

涵养水源功能价值量最高的3个县（市、区）是爱辉区、逊克县、嫩江市，分别为272.23亿元/年、271.62亿元/年和137.85亿元/年，占全市森林生态系统涵养水源总价值量的68.52%；最低的3个县（市、区）是孙吴县、北安市、五大连池风景区，分别为61.78亿元/年、53.08亿元/年和7.13亿元/年，仅占全市森林生态系统涵养水源总价值量的14.10%（图4-4）。通过统计数据可以看出，爱辉区、逊克县和嫩江市森林生态系统涵养水源价值相当于黑河市2018年GDP的1.35倍（黑河市统计年鉴，2019）。

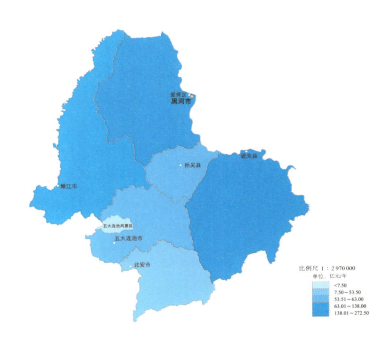

**图 4-4　黑河市森林生态系统"绿色水库"空间分布**

黑河市2018年用于农林水方面的支出为81.45亿元（黑龙江省统计年鉴，2019），该3个县（市、区）森林生态系统涵养水源价值相当于黑河市2018年用于农林水方面支出的8.37倍。爱辉区、逊克县和嫩江市森林的主要优势树种（组）为桦木、柞树、落叶松，3个主要优势树种（组）面积之和分别占爱辉区、逊克县和嫩江市森林面积的比例为98.04%、85.63%、96.29%，3个树种（组）在各县（市、区）森林中占据绝对优势，桦木、柞树、落叶松均为落叶树种，在树木生长期吸收大量水分保存在树木体内，并且3个主要优势树种（组）每年会产生大量的凋落物层积在地表，形成深厚的凋落物层，吸收保持大量水分。

从地理和环境方面来看，黑河市的降水情况和水资源分布相互吻合，黑河市北部和东南部地区的爱辉区、逊克县、嫩江市，由于其辖区内森林覆盖率较高，森林面积较大，降水充沛，水资源分布较多，从而促进森林的生长，生长良好、茂密的森林更加能够加强森林涵养水源的功能，形成相互促进的良性循环。黑河市南部的北安市由于在20世纪90年代大规模的速生丰产林整地，将大面积的森林采伐破坏，后期林地管理应用偏差，形成了大面积的林辅农田，造成北安市森林面积急剧减少，森林覆盖率明显下降，森林的涵养水源功能降低。大面积的农田种植使用大量的农药、化肥，对水体、土壤造成破坏，导致北安市水资源缺乏，人均水资源量严重不足，因此森林涵养水源功能的"绿色水库"发挥的作用较差。

### 四、绿色碳库

森林和林地是很重要的碳库，随着林木的生长会变得更加重要（UK National Ecosystem Assessment，2011）。固碳释氧功能价值量最高的 3 个县（市、区）是爱辉区、逊克县、嫩江市，分别为 168.85 亿元／年、158.16 亿元／年和 86.70 亿元／年，占全市森林生态系统固碳释氧总价值量的 79.69%，相当于黑河市 2018 年 GDP 的 81.91%（黑河市统计年鉴，2019）；最低的 3 个县（市、区）是五大连池市、北安市、五大连池风景区，分别为 35.62 亿元／年、28.83 亿元／年和 4.10 亿元／年，仅占全市森林生态系统固碳释氧总价值量的 13.45%（图 4-5）。森林生态系统已经成为促进经济社会绿色增长的有效载体，加快发展森林建设，一方面可以增加碳汇抵消综合经济社会发展的碳排量，扩大资源环境容量，提升经济发展空间；另一方面可以壮大以森林资源为依托的绿色产业，改变传统的产业结构和发展模式，促进经济发展转型升级和绿色增长。发展循环经济和低碳经济使经济社会发展与自然相协调（中国林业发展报告，2015）。黑河市是以农业和旅游业为主体、以森林生态资源见长的地区，大面积的森林带来了天蓝水绿的良好生态环境，黑河市林业正在充分利用森林资源，探索发展森林碳汇产业，积极培育碳汇森林，将无形的生态资源转化为可见的经济效益，同时充分发挥了森林固碳释氧的"绿色碳库"功能，形成生态和经济相互促进发展的良好模式，促进黑河市林业的可持续发展。

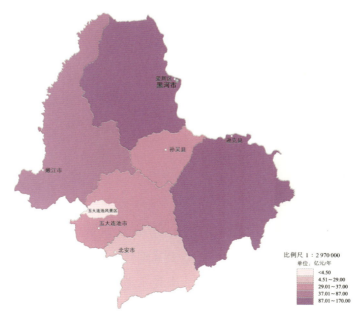

**图 4-5　黑河市森林生态系统"绿色碳库"空间分布**

### 五、净化环境氧吧库

净化大气环境功能价值量最高的 3 个县（市、区）是逊克县、爱辉区、嫩江市，分别为 117.96 亿元 / 年、117.69 亿元 / 年和 61.03 亿元 / 年，占全市森林生态系统净化大气环境总价值量的 79.16%；最低的 3 个县（市、区）是孙吴县、北安市、五大连池风景区，分别为 25.95 亿元 / 年、22.66 亿元 / 年和 3.17 亿元 / 年，仅占全市森林生态系统净化大气环境总价值量的 13.82%（图 4-6）。爱辉区、逊克县、嫩江市森林生态系统净化大气环境功能价值相当于黑河市 2018 年 GDP 的 58.74%。相当于黑河市节能环保支出的 52.05 倍（黑龙江省统计年鉴，2019）。黑河市主要污染来源于生活燃煤、采矿、秸秆焚烧等带来的粉尘和气体污染，黑河市良好的森林资源促成了良好的生态环境，大面积的森林不仅消除了燃煤、采矿、秸秆焚烧等带来的粉尘、烟尘大气固体污染物的大面积远距离的扩散，同时吸收了二氧化硫、氮氧化物等气体污染物，避免酸雨等情况的发生。森林在产生大量氧气的同时，还会产生大量植物精气，这些都是森林良好发挥"氧吧库"功能带来的结果，现今森林康养产业的蓬勃发展，充分表明了公众对森林净化环境"氧吧库"作用的极大认可。

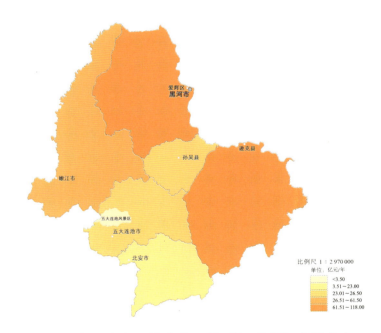

**图 4-6 黑河市森林生态系统净化环境"氧吧库"空间分布**

### 六、森林防护

森林防护功能价值量最高的 3 个县（市、区）是嫩江市、北安市、五大连池市，分别为 4.87 亿元 / 年、3.98 亿元 / 年和 2.78 亿元 / 年，占全市森林生态系统森林防护总价值量的 90.39%；最低的 2 个县（市、区）是逊克县和孙吴县分别为 0.17 亿元 / 年和 0.002 亿元 / 年，仅占全市森林生态系统森林防护功能总价值量的 1.34%（图 4-7）。黑河市森林生态系统森林防护功能价值量占 2018 年全市 GDP 的 2.55%，虽然这一比值严重低于其他生态功能，但黑河市森林生态系统对于农田防护发挥着不可或缺的作用，黑河市西南部的北安市、五大连池市、嫩江市南部为松嫩平原粮食产区，森林生态系统森林防护功能大大防止了极端天气、自然灾害给农作物带来的损害和破坏，大大提高了粮食产量和农民收入，为解决"三农"问题提供了坚实的基础。

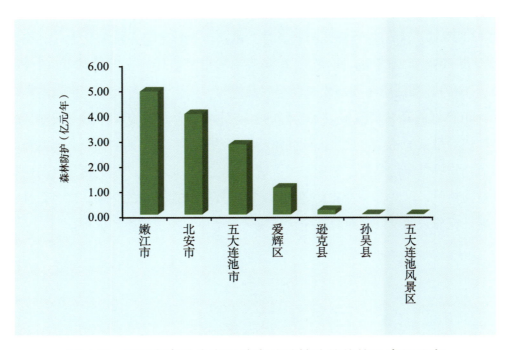

图 4-7　黑河市森林生态系统森林防护功能价值量空间分布

### 七、生物多样性保护基因库

森林生物多样性是生态环境的重要组成部分，是人类共同的财富，在人类的生存、经济社会的可持续发展和维持陆地生态平衡中占有重要的地位（UK National Ecosystem Assessment，2011）。生物多样性保护功能价值量最高的 3 个县（市、区）是逊克县、爱辉区、嫩江市，分别为 197.82 亿元／年、161.39 亿元／年和 83.29 亿元／年，占全市森林生态系统生物多样性保护总价值量的 79.30%；最低的 3 个县（市、区）是北安市、孙吴县、五大连池风景区，分别为 36.53 亿元／年、35.34 亿元／年和 4.18 亿元／年，仅占全市森林生态系统生物多样性保护总价值量的 13.63%（图 4-8）。黑河市森林生态系统生物多样性保护功能价值是黑河市 2018 年 GDP 的 1.10 倍。黑河市拥有丰富的野生动植物资源，有黑嘴松鸡、白鹳、黑鹳、金雕、白尾海雕等野生动物种类 460 余种，红松、水曲柳、钻天柳、野大豆、草苁蓉等野生植物 1000 余种，黑河市北部地区和东南部地区的森林不仅提供了丰富的动植物资源，为物种杂交、良种驯化、基因保存选择等科学研究提供了大量的试验材料，同时还给动物、昆虫、鸟类等提供了良好的栖息环境，促进了动物、昆虫、鸟类等繁衍生息，在生物多样性方面起到不可替代的作用。

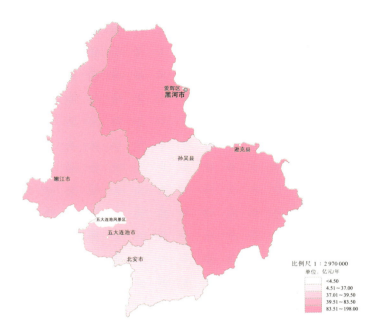

图 4-8　黑河市森林生态系统生物多样性保护"基因库"空间分布

## 第二节　主要优势树种（组）生态产品价值量评估结果

黑河市主要优势树种（组）生态产品各项功能价值量见表 4-2，总价值量如图 4-9，桦木、柞树、落叶松的生态产品价值量较高，合计为 2741.11 亿元/年，占所有优势树种（组）生态产品总价值量的 91.19%；阔叶混、经济林、灌木林的生态产品价值量较小，合计为 0.60

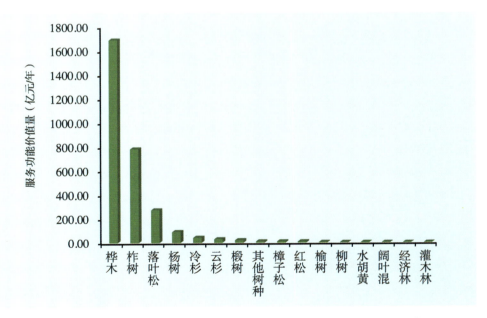

图 4-9　黑河市主要优势树种（组）生态产品总价值量分布

表 4-2 黑河市主要优势树种（组）生态产品价值量评估结果

单位：亿元/年

| 优势树种（组） | 支持服务 | | 调节服务 | | | | 供给服务 | | 文化服务 | 合计 |
|---|---|---|---|---|---|---|---|---|---|---|
| | 保育土壤 | 林木养分固持 | 涵养水源 | 固碳释氧 | 净化大气环境 | 森林防护 | 生物多样性保护 | 林木产品供给 | 森林康养 | |
| 桦木 | 280.03 | 83.35 | 451.12 | 330.58 | 218.80 | | 322.19 | | | 1686.07 |
| 柞树 | 136.99 | 38.79 | 261.76 | 127.36 | 89.00 | | 127.17 | | | 781.07 |
| 落叶松 | 55.59 | 7.06 | 80.27 | 30.11 | 37.13 | | 63.81 | | | 273.97 |
| 杨树 | 16.85 | 2.51 | 30.12 | 10.72 | 14.27 | | 16.24 | | | 90.72 |
| 冷杉 | 5.71 | 1.04 | 13.55 | 7.57 | 5.89 | | 9.07 | | | 42.82 |
| 云杉 | 3.99 | 0.81 | 9.38 | 3.53 | 4.43 | | 7.89 | | | 30.02 |
| 椴树 | 2.70 | 1.00 | 6.35 | 4.14 | 1.71 | | 5.51 | | | 21.42 |
| 其他树种 | 2.21 | 0.91 | 4.47 | 1.85 | 0.09 | | 0.96 | | | 10.49 |
| 樟子松 | 1.13 | 0.27 | 4.38 | 1.23 | 1.51 | | 1.53 | | | 10.05 |
| 红松 | 1.45 | 0.19 | 2.69 | 1.03 | 1.09 | | 2.58 | | | 9.02 |
| 榆树 | 0.53 | 0.16 | 1.02 | 0.47 | 0.41 | | 0.52 | | | 3.11 |
| 柳树 | 0.39 | 0.07 | 0.60 | 0.30 | 0.24 | | 0.21 | | | 1.80 |
| 水胡黄 | 0.32 | 0.08 | 0.53 | 0.18 | 0.19 | | 0.15 | | | 1.46 |
| 阔叶混 | 0.08 | 0.02 | 0.18 | 0.07 | 0.06 | | 0.16 | | | 0.57 |
| 经济林 | <0.01 | <0.01 | 0.01 | <0.01 | <0.01 | | 0.01 | | | 0.03 |
| 灌木林 | <0.01 | <0.01 | <0.01 | <0.01 | <0.01 | | <0.01 | | | <0.01 |
| 合计 | 507.98 | 136.27 | 866.42 | 519.15 | 374.80 | 12.87 | 558.00 | 9.68 | 20.92 | 3006.09 |

注：森林防护、林产品供给、森林康养功能价值量按全市范围进行核算。

亿元/年，占所有优势树种（组）生态产品总价值量的0.02%；桦木、柞树、落叶松在全市范围内分布广泛，面积占比大，为全市森林生态产品价值化实现作出巨大贡献。

## 一、保育土壤

保育土壤功能价值量最高的3种优势树种（组）是桦木、柞树、落叶松，分别为280.03亿元/年、136.99亿元/年和55.59亿元/年，占全市森林生态系统保育土壤总价值量的90.04%；最低的3种优势树种（组）是阔叶混、经济林、灌木林，分别为0.08亿元/年、0.003亿元/年和0.00018亿元/年，占全市森林生态系统保育土壤总价值量的0.02%（图4-10）。保育土壤功能价值量较高的优势树种（组）在全市分布范围广面积大，在各县（市、区）内也是同样的情况，为全市森林生态产品价值化实现作出巨大贡献。全部或部分土壤的流失代表了养分供应能力的丧失（UK National Ecosystem Assessment，2011），森林生态系统能够在一定程度上防止地质灾害的发生，这种作用就是通过其保持水土的功能来实现的。桦木、柞树、落叶松3种优势树种（组）有效地发挥了防止水土流失的功能，尤其是在爱辉区、嫩江市北部、逊克县、孙吴县等山地丘陵地区，保育土壤功能发挥尤为明显，大大降低了这些地区地质灾害发生的可能性。另一方面，在防止水土流失的同时，还减少了随着径流进入到湿地中的养分含量，降低了水体富营养化程度，保障了该区域内湿地生态系统的安全。在全市水土流失严重的区域可优先选择多种植桦木、柞树、落叶松等树种类型。

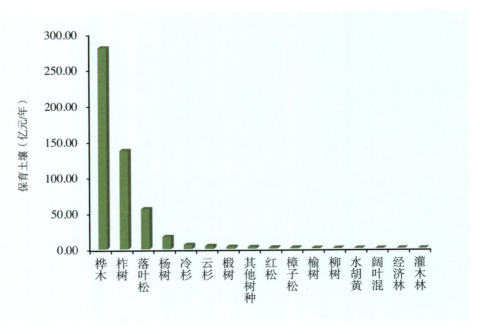

图4-10 黑河市主要优势树种（组）保育土壤功能价值量分布

## 二、林木养分固持

林木养分固持功能价值量最高的 3 种优势树种（组）是桦木、柞树、落叶松，分别为 83.35 亿元/年、38.79 亿元/年和 7.06 亿元/年，占全市森林生态系统林木养分固持功能总价值量的 94.81%；最低的 3 种优势树种（组）是阔叶混、经济林、灌木林，均小于 0.02 亿元/年，占全市森林生态系统林木养分固持总价值量的 0.02%（图 4-11）。桦木、柞树、落叶松的森林生态系统林木养分固持功能价值量相当于 2018 年黑河市农林牧渔总产值的 30.36%（黑龙江省统计年鉴，2019）。在黑河市各县（市、区），森林中优势树种（组）面积较大的 3 个优势树种（组）都是桦木、柞树、落叶松；桦木在北安市、五大连池市、逊克县以中幼龄林为主，其他县（市、区）以中龄林和近熟林为主；柞树在爱辉区、嫩江市以中龄林、近成熟林为主，在其他县（市、区）以中幼龄林为主；落叶松在五大连池风景区以中龄林、近熟林为主，在其他县（市、区）以中幼龄林为主；在黑河市区域内以天然林为主，林分的 NPP 较高，生态系统结构较为完整，土壤中 N、P、K 含量较高，3 种优势树种（组）在该区域通过植被的吸收、存留和归还 3 个生理生态学过程来维持养分的平衡，一方面在一定程度上降低了土壤肥力衰退的风险，另一方面保障了生态系统的养分循环模式，维持生态系统的健康。

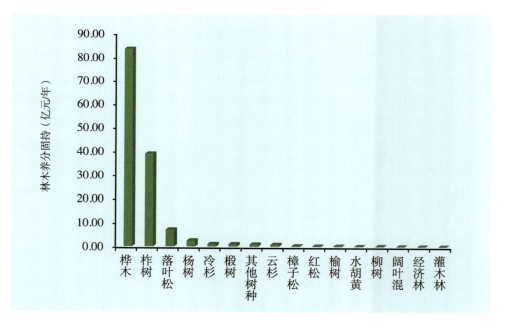

图 4-11　黑河市主要优势树种（组）林木养分固持功能价值量分布

## 三、涵养水源

英国的一项研究表明，河岸植被的变化和水源量、水质的改善之间存在明显的联系，植被的增加明显涵养了水源且改善了水质（UK National Ecosystem Assessment，2011）。涵养水源功能价值量最高的 3 种优势树种（组）是桦木、柞树、落叶松，分别为 451.12 亿元/年、

261.76亿元/年和80.27亿元/年，占全市森林生态系统涵养水源功能总价值量的91.54%；最低的3种优势树种（组）是阔叶混、经济林、灌木林，分别为0.18亿元/年、0.009亿元/年和0.00034亿元/年，占全市森林生态系统涵养水源功能总价值量的0.02%（图4-12）。桦木、柞树、落叶松的涵养水源功能价值量相当于2018年黑河市第二产业总产值的10.45倍（黑龙江省统计年鉴，2019）。3种优势树种（组）涵养水源功能起到十分重要的作用。尤其是对于爱辉区、嫩江市北部、孙吴县、逊克县等多山丘陵地区，3种优势树种（组）通过林冠截留降水、枯落物层和土壤层持水很好地起到了调蓄水量、控制径流，减少山体滑坡、洪涝灾害等方面的作用。

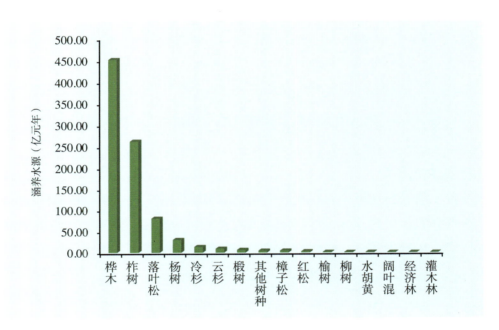

图4-12　黑河市主要优势树种（组）涵养水源功能价值量分布

### 四、固碳释氧

木本生物质可以替代化石燃料产生热量并减少排放到大气中的二氧化碳，木材也可以作为调节服务减少排放到大气中的二氧化碳（UK National Ecosystem Assessment，2011）。固碳释氧功能价值量最高的3种优势树种（组）是桦木、柞树、落叶松，分别为330.58亿元/年、127.36亿元/年和30.11亿元/年，占全市森林生态系统固碳释氧功能总价值量的94.01%；最低的3种优势树种（组）是阔叶混、经济林、灌木林，分别为0.07亿元/年、0.002亿元/年和0.00083亿元/年，占全市森林生态系统固碳释氧总价值量的0.01%（图4-13）。桦木、柞树、落叶松的固碳释氧功能价值量相当于2018年黑河市林业产值的14.89倍（黑龙江省统计年鉴，2019），尤其是在爱辉区、逊克县表现较为显著。嫩江市北部地区，森林面积大，桦木、柞树、落叶松在其中占据绝对优势地位，起到强大的碳汇能力，在缓解气候变化方面具有重大作用。

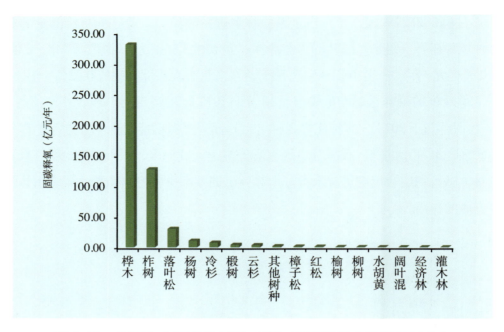

图 4-13　黑河市主要优势树种（组）固碳释氧功能价值量分布

### 五、净化大气环境

空气质量主要受到城市生态系统的影响，城市地区的树木以及绿地能够改善水和空气的质量，吸收污染物，减少噪音；绿化屋顶有助于减少污染，调节温度以及平衡碳排放，森林在净化大气环境提升空气质量中发挥了重要作用（UK National Ecosystem Assessment，2011）。净化大气环境功能价值量最高的 3 种优势树种（组）是桦木、柞树、落叶松，分别为 218.80 亿元/年、89.00 亿元/年和 37.13 亿元/年，占全市森林生态系统净化大气环境功能总价值量的 92.03%；最低的 3 种优势树种（组）是阔叶混、经济林、灌木林，分别为 0.06 亿元/年、0.002 亿元/年和 0.00015 亿元/年，占全市森林生态系统净化大气环境功能总价值量的 0.02%（图 4-14）。桦木、柞树、落叶松的净化大气环境功能价值量相当于 2018 年黑河市节能环保公共财政支出的 60.51 倍（黑龙江省统计年鉴，2019）。尤其是爱辉区、五大连池风景区，这 2 个区是黑河市主要的旅游活动地区，桦木、柞树、落叶松通过自身的生长过程，从空气中吸收污染气体，在体内经过一系列的转化过程，将吸收的污染气体降解后排出体外或者储存在体内；另一方面，通过林冠层的作用，加速颗粒物的沉降或者吸附滞纳 TSP、$PM_{10}$、$PM_{2.5}$ 等固体颗粒物在叶片表面，进而起到净化大气环境的作用。

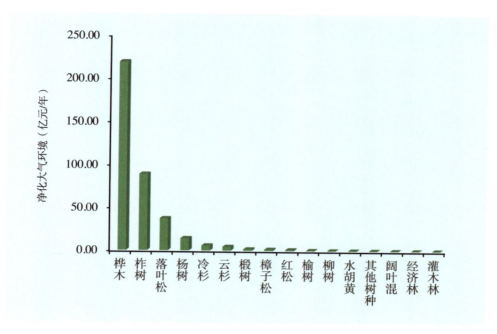

**图 4-14　黑河市主要优势树种（组）净化大气环境功能价值量分布**

## 六、生物多样性保护

保护生物多样性和景观旨在保护和恢复动植物群落、生态系统和生境以及保护和恢复天然和半天然景观的措施和活动，应将保护生物多样性和保护景观密切的联系起来，例如维护或建立某种景观类型、生境和生态区以及相关问题，均与维护生物多样性有着明显的关联，同时能够增加景观的审美价值（SEEA，2012）。生物多样性保护功能价值量最高的 3 种优势树种（组）是桦木、柞树、落叶松，分别为 322.19 亿元/年、127.17 亿元/年和 63.81 亿元/年，占全市森林生态系统生物多样性保护功能总价值量的 91.96%；最低的 3 种优势树种（组）是阔叶混、经济林、灌木林，价值量小于 0.20 亿元/年，仅占全市森林生态系统生物多样性保护功能总价值量的 0.03%（图 4-15）。黑河市在生物多样性保护的重点地区，建立了许多森林公园和自然保护区，为生物多样性保护工作提供了坚实的基础；同时，正因为生物多样性较为丰富，给这一区域带来了高质量的森林资源，极大地提高了当地群众的收入水平。

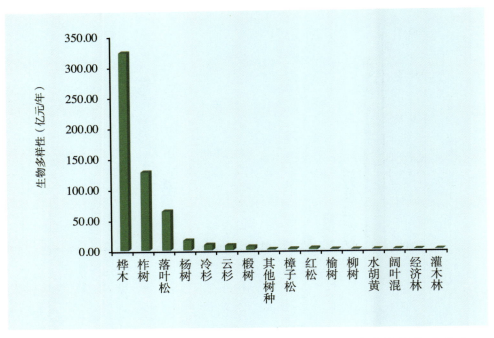

图 4-15　黑河市主要优势树种（组）生物多样性保护功能价值量分布

# 第五章
# 黑河市湿地生态产品价值评估

湿地是分布于陆地生态系统和水域生态系统之间，具有独特水文、土壤与生物特征、兼具水陆生态作用过程的生态系统，是地球生命支持系统的重要组成单元之一。湿地所提供的粮食、鱼类、木材、纤维、燃料、水、药材等产品，以及净化水源、改善水质、减少洪水和暴风雨破坏、提供重要的鱼类和野生动物栖息地和维持整个地球生命支持系统的稳定等服务功能，是人类社会发展的基本保证。近年来，随着工农业的迅猛发展和城市化进程的不断加快，湿地利用与保护之间的矛盾日益突出。出于对湿地资源的有效保护和可持续利用的忧虑，如何科学地评价湿地生态产品及其价值已成为湿地生态学与生态经济学急需研究的问题之一。对于湿地生态系统进行服务功能评估，有利于为黑河市湿地资源保护与开发决策的制定，提供生态经济理论支持。

## 第一节 湿地生态产品价值评估体系

生态系统核算的目的是通过对生态系统本身及它为社会经济和人类活动所提供服务的调查来评估生态环境。如何进行生态服务的核算，仍然存在很多有待研究的问题。为此，EEA 2020 特别编辑了《EEA 试验性生态系统核算》(United Nation，2020)，作为附属于正文的补充文献，试图对生态系统及其服务的核算提供初步的方法论支持，这可视为衡量经济与环境之间关系统计标准的尝试。核算框架主要包含揭示生态系统及生态系统服务，直观地测量出生态系统内部，不同生态系统之间以及生态系统与环境、经济和社会之间的相互关系。因此，SEEA 能够同时将许多难以量化评价的生态系统服务功能纳入到核算体系当中。如净化水质，净化大气，环境景观游憩和文化价值的湿地生态系统所提供的服务和发挥的效益具有明显的外部性。然而由于种种原因，其效益的发挥没有得到合理的补偿，因而使得湿地资源难以得到持续保护和有效管理。对湿地生态产品价值量进行评估，可以为进一步探索建立相应的湿地资源开发利用补偿机制打下坚实基础。同时警示人们在直接享用、挖掘湿地生态系统物质产品、生态服务功能时，还应充分考虑到湿地巨大的环境调节功能和湿地环境的承受能力，以求得湿地生态系统结构的动态稳定和诸项服务功能的正常发挥，确保湿地资源的可持续利用。

### 一、湿地生态产品价值评估体系

由于湿地各种服务功能及重要性各不相同，不同的服务功能及价值也不同，为此，建立一套湿地价值综合评价指标体系，进行科学、全面地评估，使湿地开发、补偿有价可依。只有采取经济激励与行政控制相结合的管理手段，形成整套的湿地生态系统服务功能制度体系，才能有效保护湿地资源，保持其生态系统的完整性和资源的可持续性。结合黑河市湿地生态系统实际情况，在满足代表性、全面性、简明性、可操作性及实用性等原则的基础上，结合《湿地价值评估研究》（崔丽娟，2000）以及国内外众多学者（宋庆丰等，2015；张华等，2008；Constanza et al., 1997, 2004）和联合国千年生态系统评估的研究方法，按照供给服务、调节服务、支持服务和文化服务的框架构建黑河市湿地生态产品监测评估指标体系，本次评估的监测评估指标体系主要包含涵养水源、降解污染、固碳释氧、固土保肥、水生植物养分固持、改善小气候、提供生物栖息地和科研文化游憩8项功能11项指标（图5-1），利用市场价值法、碳税法、工业制氧成本法、影子工程法、污染防治成本法和专家评估法等生态经济价值评估方法，逐项评估黑河市湿地生态产品价值量。

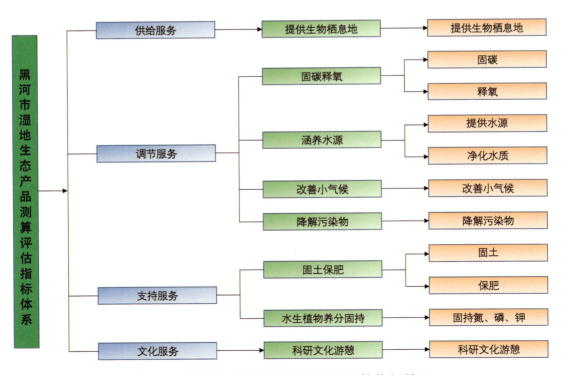

图5-1 黑河市湿地生态产品测算评估指标体系

## 二、数据来源与集成

黑河市湿地生态产品评估主要是评估湿地生态效益价值量。其数据来源包括两部分：①湿地资源数据来自于黑龙江省自然资源权益调查监测院（原黑龙江省林业监测规划院）提供的统计数据；②社会公共数据来源于我国权威机构所公布的社会公共数据，包括《中国水利年鉴》《中华人民共和国水利部水利建设工程预算定额》、中国农业信息网、中华人民共和国国家卫生健康委员会网站（http://www.nhc.gov.cn/）、《中华人民共和国环境保护税法》中"环境保护税税目税额表"等。

## 三、核算公式

### （一）涵养水源

湿地生态系统具有强大的蓄水和补水功能（崔丽娟，2004），即在洪水期可以蓄积大量的洪水，以缓解洪峰造成的损失，同时储备大量的水资源在干旱季节提供生产、生活用水。另外，湿地生态系统还具有净化水质的作用。由此，本研究将从调节水量和净化水质两方面对黑河市湿地的涵养水源功能进行评估。

其计算公式：

$$U_{涵}=\sum_{i=1}^{n}(H_i \cdot A_i) \cdot P_r + A_i \cdot (C_入 - C_出) \cdot \rho \cdot P_w \tag{5-1}$$

式中：$U_{涵}$——湿地生态系统涵养水源价值（元/年）；

$A_i$——各类湿地面积（平方米）；

$H_i$——各类湿地洪水期平均淹没深度（米）；

$P_r$——水资源市场交易价格（元/立方米，附表5）；

$C_入$——各类湿地入水口COD含量（毫克/升）；

$C_出$——各类湿地出水口COD含量（毫克/升）；

$\rho$——水的密度（千克/立方米）；

$P_w$——污水处理厂处理单位COD成本（元/立方米，附表5）。

### （二）降解污染物

湿地被誉为"地球之肾"，具有降解和去除环境污染的作用，尤其是对氮、磷、钾等营养元素以及重金属元素的吸收、转化和滞留具有较高的效率，能有效降低其在水体中的浓度；湿地还可通过减缓水流，促进颗粒物沉降，从而将其上附着的有毒物质从水体中去除。如果进入湿地的污染物没有使水体整体功能退化，即可以认为湿地起到净化的功能。

其计算公式：

$$U_{降}=Q_i \cdot (C_{入i} \cdot C_{出i}) \cdot C_{降} \tag{5-2}$$

式中：$U_降$——湿地生态系统降解污染物价值（元/年）；

$Q_i$——湿地中第 $i$ 种污染物（重金属、氮、磷、硝酸根离子等）年排放总量（千克/年）；

$C_{入i}$——湿地入水口第 $i$ 种污染物浓度（%）；

$C_{出i}$——湿地出水口第 $i$ 种污染物浓度（%）；

$C_降$——湿地中第 $i$ 种污染物清理费用（元/千克，附表5）。

### （三）固碳释氧

湿地对大气环境既有正面也有负面影响。本研究采用张华（2008年）研究中的方法：湿地对于大气调节的正效应主要是指通过大面积挺水植物芦苇以及其他水生植物的光合作用固定大气中的二氧化碳，向大气释放氧气。根据光合作用方程式，生态系统每生产1.00千克植物干物质，即能固定1.63千克的二氧化碳，并释放1.20千克的氧气。湿地内主要植被类型为水生或湿生植物，且分布广泛，主要以芦苇为主。芦苇作为适合河湖湿地和滩涂湿地生长的湿生植物，具有极高的生物量和土壤碳库储存，可视为高碳汇生态系统。

其计算公式为：

$$U_固 = (R_{碳i} \cdot M_{CO_2} + R_{碳j} \cdot M_{CH_4}) \cdot A \cdot C_碳 + 1.2\sum m_i \cdot A \cdot C_氧 \tag{5-3}$$

式中：$U_固$——湿地生态系统固碳释氧价值（元/年）；

$M_{CO_2}$——实测湿地净二氧化碳交换量，即 NEE（吨/公顷）；

$M_{CH_4}$——实测湿地甲烷含量（吨/公顷）；

$R_{碳i}$——二氧化碳中碳含量（%）；

$R_{碳j}$——甲烷中碳含量（%）；

$A$——各类湿地面积（公顷）；

$m_i$——各类湿地单位面积生物量（吨/公顷）；

$C_碳$——固碳价格（元/吨，附表5）；

$C_氧$——氧气价格（元/吨，附表5）。

### （四）固土保肥

采用实测法计算湿地减少泥沙淤积量，湿地减少泥沙淤积中养分流失的养分是指易溶解在水中或容易在外力作用下与泥沙分离的氮、磷、钾、有机质等养分，本研究采用的湿地减少泥沙淤积中所含有的氮、磷、钾、有机质等养分的量，再折算成化肥价格的方法来计算。

其计算公式：

$$U_{固土保肥} = (X_2 - X_1) \cdot A \cdot [V_土 + (N+P+K+C) \cdot V_肥] \tag{5-4}$$

式中：$U_{固土保肥}$——湿地生态系统固土保肥价值（元/年）；

$X_1$——湿地入水口泥沙淤积量[吨/(公顷·年)];

$X_2$——湿地出水口泥沙淤积量[吨/(公顷·年)];

$N$——湿地泥沙淤积中平均氮含量(%);

$P$——湿地泥沙淤积中平均磷含量(%);

$K$——湿地泥沙淤积中平均钾含量(%);

$C$——湿地泥沙淤积中平均有机质含量(%);

$V_土$——挖取和运输单位体积土方所需费用(元/立方米,附表5);

$V_肥$——化肥价格(元/吨,附表5);

$A$——各类湿地面积(公顷)。

### (五)水生植物养分固持

湿地生态系统中,养分主要储存在土壤中,可以说土壤是其最大的养分库。地质大循环中,生态系统中的养分不断向下淋溶损失,而生物小循环则从地质循环中保存累积一系列的生物所必需的营养元素,随着生物的生长繁殖和生物量的不断累计,土壤母质中大量营养元素被释放出来,成为有效成分,供生物生长需要。因此,生物是形成土壤和土壤肥力的主导因素。当植物的一个生命周期完成时,大量的养分在植物体变黄、凋落之前被转移到植物体的其他部位,还有一些则通过枯枝落叶等凋落物而返回土壤中。本研究参考崔丽娟(2004)的关于湿地营养循环研究,湿地氮、磷、钾年固定量分为128.78千克/公顷、0.88千克/公顷、86.33千克/公顷。

其计算公式:

$$U_{养分}=A \cdot (N+P+K) \cdot V_{肥}/1000 \tag{5-5}$$

式中:$U_{养分}$——湿地生态系统水生植物养分固持价值(元/年);

$N$——湿地生态系统土壤平均氮含量(千克/公顷);

$P$——湿地生态系统土壤平均磷含量(千克/公顷);

$K$——湿地生态系统土壤平均钾含量(千克/公顷);

$V_肥$——化肥价格(元/吨,附表5);

$A$——各类湿地面积(公顷)。

### (六)改善小气候

湿地可以影响小气候。湿地水分通过蒸发成为水蒸汽,然后又以降水的形式降到周围地区,保持当地的湿度和降雨量,影响当地人民的生活和工农业生产。采用替代花费法评估,把湿地调节温度的价值作为湿地调节气候的价值,根据测定,1公顷湿地植被在夏季可以从环境中吸收81.8兆焦耳的热量,相当于189台1千瓦的空调机器全天工作的制冷效果。

其计算公式：

$$U_{改善} = A \cdot P_{电} \times 189 \times 24 \tag{5-6}$$

式中：$U_{改善}$——湿地生态系统改善小气候价值（元/年）；

$P_{电}$——用电价格（元/千瓦）；

$A$——各类湿地面积（公顷）。

### （七）提供生物栖息地

湿地是复合生态系统，大面积的芦苇沼泽、滩涂和河流、湖泊为野生动植物的生存提供了良好的栖息地。湿地景观的高度异质性为众多野生动植物栖息、繁衍提供了基地，因而在保护生物多样性方面具有极其重要的价值。

其计算公式：

$$U_{生} = S_{生} \cdot A \tag{5-7}$$

式中：$U_{生}$——湿地生态系统生物栖息地价值（元/年）；

$S_{生}$——单位面积湿地避难所价值[元/（公顷·年）]；

$A$——各类湿地面积（公顷）。

### （八）科研文化游憩

湿地为生态学、生物学、地理学、水文学、气候学以及湿地研究和鸟类研究的自然本底和基地，为诸多基础科研提供了理想的科学实验场所。同时，湿地自然景色优美，而且是大量鸟类和水生动植物的栖息繁殖地，因此还会吸引大量的游客前去观光旅游。

其计算公式：

$$U_{游憩} = P_{游} \cdot A \tag{5-8}$$

式中：$U_{游憩}$——湿地生态系统科研文化游憩价值（元/年）；

$P_{游}$——单位面积湿地科研文化游憩价值[元/（公顷·年）]；

$A$——各类湿地面积（公顷）。

### （九）湿地生态产品总价值

黑河市湿地生态产品总价值为上述各分项生态产品价值之和，计算公式如下：

$$U_I = \sum_{i=1}^{11} U_i \tag{5-9}$$

式中：$U_I$——黑河市湿地生态产品年总价值（元/年）；

$U_i$——黑河市湿地生态产品各分项年价值（元/年）。

## 第二节 湿地生态产品价值评估结果

### 一、湿地生态产品价值评估结果

由表 5-1 可以看出，黑河市湿地生态产品总价值量为 1358.25 亿元/年，相当于 2018 年黑河市 GDP 505.1 亿元（黑河市统计年鉴，2019）的 2.69 倍。每公顷湿地提供生态产品价值量为 14.1 万元/年，其中涵养水源的价值量最大，占总价值的 28%，表明黑河市湿地生态系统对于维持全市水资源安全方面起到非常重要的作用。其次为降解污染物功能，全市湿地中的滩涂和水域可以有效降解污染。由于黑河市独特的地理位置，处在候鸟迁徙的路线上，湿地生态系统提供生物栖息地功能对于各种珍稀鸟类尤为重要。黑龙江公别拉河国家级自然保护区、黑龙江引龙河省级自然保护区、黑龙江平山省级自然保护区、黑龙江干岔子省级自然保护区、黑龙江北安乌裕尔河国家湿地公园、黑龙江黑河市坤河国家湿地公园、黑龙江爱辉刺尔滨国家湿地公园、黑龙江嫩江圈河省级湿地公园等湿地保护地为野生动物提供了良好的栖息、繁衍和迁徙的场所。本次评估中该项功能的价值为 235.43 亿元/年，占总价值的 17.33%。价值量最少的为改善小气候功能，约占 2.01%。

表 5-1 黑河市湿地生态产品价值评估结果

| 服务类别 | 功能类别 | 价值量（亿元/年） | 比例（%） |
| --- | --- | --- | --- |
| 调节服务 | 涵养水源 | 385.64 | 28.39 |
| | 降解污染物 | 308.17 | 22.69 |
| | 改善小气候 | 27.31 | 2.01 |
| | 固碳释氧 | 46.55 | 3.43 |
| 支持服务 | 固土保肥 | 245.34 | 18.06 |
| | 水生植物养分固持 | 44.82 | 3.30 |
| 供给服务 | 提供生物栖息地 | 235.43 | 17.33 |
| 文化服务 | 科研文化游憩 | 65.00 | 4.79 |
| 合计 | | 1358.25 | 100.00 |

黑河市湿地 8 项生态产品的价值量和所占比例分别为：涵养水源功能为 385.64 亿元/年，占全市湿地生态产品总价值的 28.39%，表明黑河市湿地生态系统对于维持全市用水安全起到非常重要的作用；降解污染物价值为 308.17 亿元/年，占全市湿地生态产品总价值的 22.69%，表明黑河市湿地生态系统在降解水污染方面的作用十分显著，起到了天然"污水处理厂"的功能；固土保肥价值为 245.34 亿元/年，占全市湿地生态产品总价值的 18.06%；提供生物栖息地价值为 235.43 亿元/年，占全市湿地生态产品总价值的 17.33%，表明黑河市湿地中的滩涂和水域为动物提供了良好的繁衍、栖息和迁徙的场所，为野生生物提供了适宜生存和繁衍的生境；科研文化游憩价值为 65.00 亿元/年，占全市湿地生态产品总价值的 4.79%；固碳释氧价值为 46.55 亿元/年，占全市湿地生态产品总价值的 3.43%；水生植物

养分固持价值为 44.82 亿元/年，占全市湿地生态产品总价值的 3.30%；改善小气候价值为 27.21 亿元/年，占全市湿地生态产品总价值的 2.01%。

黑河市湿地面积大，占全省湿地面积的五分之一，占全国湿地面积的百分之一。从表 5-2 可以看出，沼泽湿地的生态产品价值量为 1244.75 亿元/年，占全市湿地生态产品总价值的 91.64%，在提供多种多样的生态功能方面发挥着举足轻重的作用，同时也为黑河市生态安全起到了重要的作用；河流湿地的生态产品价值量为 74.90 亿元/年，占全市湿地生态产品总价值的 5.52%；湖泊湿地的生态产品价值量为 5.40 亿元/年，占全市湿地生态产品总价值的 0.40%；人工湿地的生态产品价值量为 33.20 亿元/年，占全市湿地生态产品总价值的 2.44%。

表 5-2 黑河市不同湿地类型生态产品价值分配

亿元/年

| 服务类别 | 功能类别 | 沼泽湿地 | 河流湿地 | 湖泊湿地 | 人工湿地 | 合计 |
|---|---|---|---|---|---|---|
| 调节服务 | 涵养水源 | 353.41 | 21.27 | 1.53 | 9.43 | 385.64 |
| | 降解污染物 | 282.42 | 16.99 | 1.22 | 7.53 | 308.17 |
| | 改善小气候 | 25.02 | 1.51 | 0.11 | 0.67 | 27.31 |
| | 固碳释氧 | 42.66 | 2.57 | 0.18 | 1.14 | 46.55 |
| 支持服务 | 固土保肥 | 224.84 | 13.53 | 0.97 | 6.00 | 245.34 |
| | 水生植物养分固持 | 41.08 | 2.47 | 0.18 | 1.10 | 44.82 |
| 供给服务 | 提供生物栖息地 | 215.75 | 12.98 | 0.94 | 5.76 | 235.43 |
| 文化服务 | 科研文化游憩 | 59.57 | 3.58 | 0.26 | 1.59 | 65.00 |
| 合计 | | 1244.75 | 74.90 | 5.40 | 33.20 | 1358.25 |

由表 5-3 和图 5-2 可以看出黑河市各县（市、区）湿地生态产品价值具有明显的差异。总体上讲，北部和东南部地区大于西南部地区。主要原因是北部和东南部地区湿地面积大，分布较广，发挥着蓄水调洪、补充地下水、调节气候、净化天然水体、保护生物多样性等方面的功能，在减少世界三大黑土地之一的面积萎缩，增加黑土地土壤肥力，在维系黑河市生态安全及国民经济发展中起到了不可替代的作用。在今后的经济发展过程中，在保持湿地生态系统结构稳定和各项生态功能正常发挥的条件下，科学利用湿地的独特优势与资源，为黑河市统筹社会、经济、生态可持续发展提供有力支持。

表 5-3 黑河市各县（市、区）湿地生态产品价值评估结果

亿元/年

| 县（市、区） | 供给服务 | 调节服务 | | | | 支持服务 | | 文化服务 | 合计 |
|---|---|---|---|---|---|---|---|---|---|
| | 提供生物栖息地 | 固碳释氧 | 涵养水源 | 改善小气候 | 降解污染物 | 固土保肥 | 水生植物养分固持 | 科研文化游憩 | |
| 爱辉区 | 58.91 | 11.65 | 96.50 | 6.83 | 77.11 | 61.39 | 11.22 | 16.26 | 339.88 |

（续）

| 县（市、区） | 供给服务 | 调节服务 | | | | 支持服务 | | 文化服务 | 合计 |
|---|---|---|---|---|---|---|---|---|---|
| | 提供生物栖息地 | 固碳释氧 | 涵养水源 | 改善小气候 | 降解污染物 | 固土保肥 | 水生植物养分固持 | 科研文化游憩 | |
| 逊克县 | 78.65 | 15.55 | 128.83 | 9.12 | 102.95 | 81.96 | 14.97 | 21.71 | 453.74 |
| 北安市 | 25.59 | 5.06 | 41.92 | 2.97 | 33.50 | 26.67 | 4.87 | 7.07 | 147.65 |
| 嫩江市 | 34.00 | 6.72 | 55.69 | 3.94 | 44.50 | 35.43 | 6.47 | 9.39 | 196.15 |
| 孙吴县 | 11.16 | 2.21 | 18.28 | 1.29 | 14.61 | 11.63 | 2.12 | 3.08 | 64.38 |
| 五大连池市 | 24.73 | 4.89 | 40.51 | 2.87 | 32.37 | 25.77 | 4.71 | 6.83 | 142.66 |
| 五大连池风景区 | 2.39 | 0.47 | 3.91 | 0.28 | 3.13 | 2.49 | 0.45 | 0.66 | 13.78 |
| 合计 | 235.43 | 46.55 | 385.64 | 27.31 | 308.17 | 245.34 | 44.82 | 65.00 | 1358.25 |

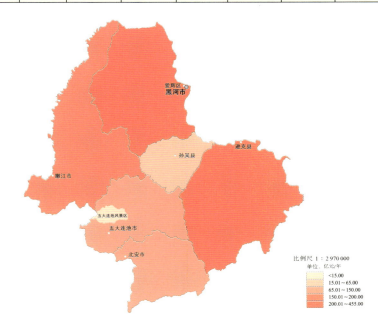

图 5-2　黑河市湿地生态产品价值量空间分布

## 二、湿地生态系统"四库"功能特征分析

### 1. 湿地生态系统"绿色水库"作用

湿地生态系统在全球的水循环中的作用不可忽视，具有巨大的水文调节和水文循环功能，对维护全球生态系统动态平衡具有重要的意义，尤其是在蓄水防旱、调节洪水方面发挥着重要的"绿色水库"功能。2018 年黑河市湿地生态系统涵养水源功能价值量最高的 3 个县（市、区）是逊克县、爱辉区和嫩江市，分别为 128.83 亿元/年、96.50 亿元/年、55.69 亿元/年，3 个县（市、区）湿地生态系统涵养水源功能的价值量总和为 281.02 亿元/年，占黑河市湿地生态系统涵养水源功能价值量的 72.87%，相当于 2018 年黑河市 GDP 505.1 亿元（黑河市统计年鉴，2019）的 55.64%（图 5-3）。

湿地一部分水储存在湿地地表，还有大量的水储存在植物体内、土壤的泥炭层和草根层中，因此人们把湿地称之为天然蓄水池或生物蓄水库；湿地能够调蓄洪水，在暴雨和河流涨水期时，湖泊、沼泽湿地能够暂时储存过量的降水，蓄纳洪水，从而缓慢地把径流放出，减轻洪水威胁；湿地可以为地下蓄水层补充水源，从湿地到蓄水层的水可以成为地下水系统的一部分，又可以为周围地区的工农业生产提供水源。如果湿地受到破坏或消失，就无法为地下蓄水层供水，地下水资源就会减少，危害到人们用水安全。湿地生态系统的保护能够给水资源科学的配置、合理利用提供基本的保障作用，为人类的生产生活提供重要的水资源支撑。

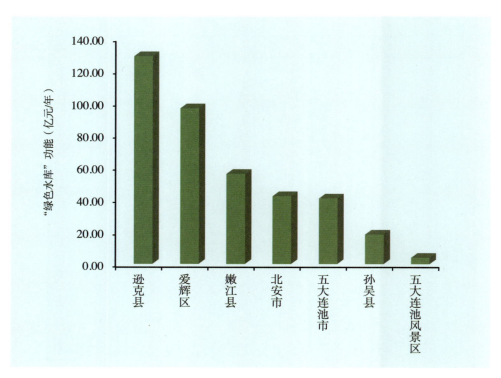

图 5-3　黑河市各县（市、区）湿地生态系统"绿色水库"功能分布

### 2. 湿地生态系统"绿色碳库"作用

全球气候变化引起的一系列问题越来越受到国际社会的关注，而湿地生态系统在缓解气候变化方面发挥着重要的"绿色碳库"功能。湿地生态系统自身丰富的植物资源在生长、代谢、死亡过程中，年复一年的积累着大量的有机碳资源，生长期释放大量氧气。2018年黑河市湿地生态系统固碳释氧功能价值量最高的3个县（市、区）是逊克县、爱辉区和嫩江市，分别为 15.55 亿元/年、11.65 亿元/年、6.72 亿元/年，3 个县（市、区）固碳释氧功能的价值量总和为 33.92 亿元，相当于 2018 年黑河市 GDP（黑河市统计年鉴，2019）的 6.72%（图 5-4）。湿地生态系统在应对气候变化，调节能源结构，发挥低碳经济方面起到至关重要的作用。

湿地是陆地上巨大的有机碳库，湿地中的有机质不完全分解导致湿地中碳和水生植物养分固持，湿地植物从大气中获得大量二氧化碳，又通过呼吸作用及物质分解的形式，以二氧化碳和甲烷的形式排放到大气中，在全球碳循环中起着十分重要的作用。

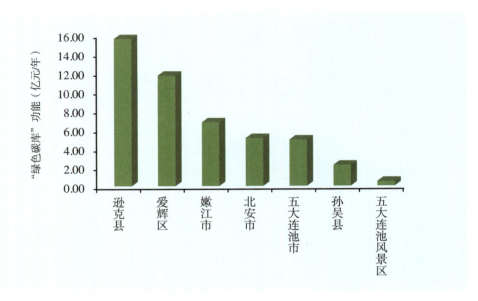

图 5-4　黑河市各县（市、区）湿地生态系统"绿色碳库"功能分布

### 3. 湿地生态系统净化环境"氧吧库"作用

湿地生态系统本身特有的物理化学性质使其具有强大的净化功能。尤其对于有机污染物、氮磷及重金属的吸收转化等具有较高的效率，此外湿地还具有调节区域小气候的功能。使局部的空气温度和湿度更适宜人类生存，2018 年黑河市湿地生态系统降解污染功能和改善小气候功能价值量之和最高的 3 个县（市、区）是逊克县、爱辉区和嫩江市，分别为 112.07 亿元 / 年、83.95 亿元 / 年、48.45 亿元 / 年，3 个县（市、区）净化环境功能的价值量总和为 244.47 亿元，相当于 2018 年黑河市 GDP（黑河市统计年鉴，2019）的 48.40%（图 5-5），说明湿地生态系统在维持人类环境，提升人类生活舒适度方面发挥着重要的作用。

湿地能够降解污染物，具有很强的降解和转化污染物的能力，以至于世界许多地方都通过建立人工湿地来净化污水。湿地中有许多水生植物，包括挺水、浮水和沉水植物，它们的组织中富集重金属的浓度比周围水中浓度高出 10 万倍以上。许多植物还含有能与重金属链结的物质，从而参与重金属解毒过程。特别是香蒲、芦苇对含高浓度重金属如镉、银、铜、锌、钒等的污水处理效果十分明显。污染物被芦苇吸收、代谢、分解、积累，同时随着芦苇收割而被带出水体和土壤之外，于是提高了水质和土壤的质量，消除和降低了对人类的潜在威胁。湿地能够吸纳多余的营养物、工业废水和生活污水，以及农田施肥流失的营养物质，经过湿地的过滤作用，一部分营养物质被阻止进入河流、湖泊和海洋，经化学、生物和物理作用，营养物被滞留和分解，被湿地植物吸收。

湿地可以影响小气候，湿地水分通过蒸发成为水蒸汽，然后又以降水的形式降到周围地区，保持当地的湿度和降雨量，影响当地人民的生活和工农业生产。

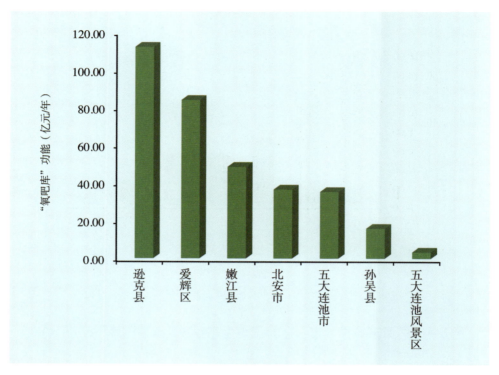

图 5-5　黑河市各县（市、区）湿地生态系统净化环境"氧吧库"功能分布

**4. 湿地生态系统生物多样性保护"基因库"作用**

湿地生态系统对于维护生物栖息地，维护生物多样性具有极其重要的作用。湿地是陆地与水域之间的过渡区域，是水陆系统的过渡地带，因此湿地的动植物性质、结构兼有两种系统的部分特征，具有高度的生物多样性特点。其大面积的沼泽、滩涂、河流和湖泊，为野生动植物的生存提供了良好的栖息地生态环境。同时也提供了丰富的遗传物质。2018年黑河市湿地生态系统提供生物栖息地功能价值量最高的3个县（市、区）是逊克县、爱辉区和嫩江市，分别为78.65亿元/年、58.91亿元/年、34.00亿元/年，3个县（市、区）提供生物栖息地功能的价值量总和为171.56亿元，相当于2018年黑河市GDP（黑河市统计年鉴，2019）的33.97%（图5-6）。近年来，黑河市积极开展林地湿地清理、"绿卫2019"等工作，湿地资源得到有效保护和修复，未来将不断提高对湿地保护的管理、科研和监测水平，严禁任何单位或个人擅自改变湿地用途，保护湿地功能和湿地生物多样性，控制天然湿地破坏性开发，遏制天然湿地下降趋势，使90%以上天然湿地得到有效保护。

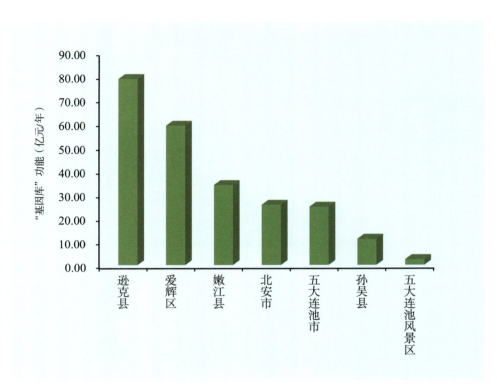

图 5-6　黑河市各县（市、区）湿地生态系统生物多样性保护"基因库"功能分布

# 第六章
# 黑河市草地生态产品价值评估

草地生态系统是我国陆地上面积最大的生态系统。草地生态系统不仅提供了大量人类社会经济发展中所需的畜牧产品等直接效益，还在保护生物多样性、保持水土和维护生态系统格局、功能和过程等方面具有重大作用和价值。草地大多分布在江河等水系的源头区和中上游区，具有生态屏障功能。

## 第一节　草地生态产品价值评估体系

### 一、草地生态产品价值评估体系

由于草地各类服务功能重要性各不相同，不同的服务功能价值也不同。为此，需要建立一套草地价值综合评价指标体系，进行科学、全面的评估，使草地得到更加合理的利用与保护，形成整套的草地生态产品价值评估指标体系。对保护草地资源，保持其生态系统的完整性和资源的可持续性具有重要的意义，为草地生态保护补助奖励政策的顺利落实提供科学依据。结合黑河市草地生态系统实际情况，在满足代表性、全面性、简明性、可操作性以及实用性原则的基础上，结合 Constanza 等（1997，2014）、谢高地（2001、2004）、尹剑慧等（2009）、赵同谦等（2004）、联合国千年生态系统评估和 Zhao 等（2020）国内外众多研究人员的评价方法，按照供给服务、调节服务、文化服务和支持服务的框架构建黑河市草地生态产品监测评估指标体系。本次评估选取的监测评估指标体系主要包括提供产品、生境提供、固碳释氧、涵养水源、废弃物降解、净化大气环境、保育土壤、游憩休闲、草木养分固持 9 项功能 16 项指标。利用市场价值法、碳税法、工业制氧成本法、影子工程法、污染防治成本法和专家评估法等生态经济价值评估方法，逐项评估黑河市草地生态产品价值量（图 6-1）。

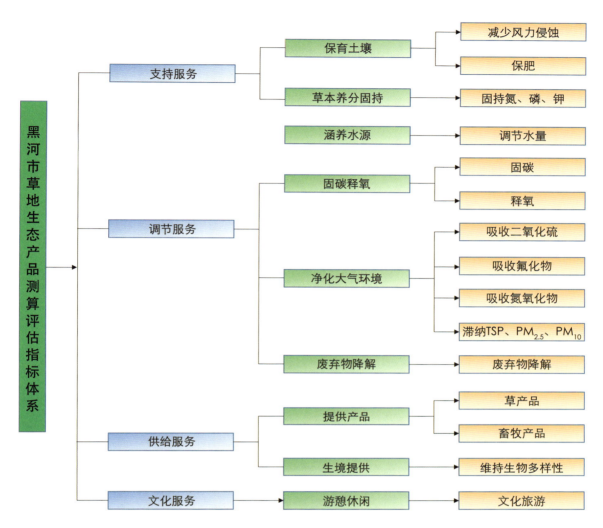

**图 6-1 黑河市草地生态产品测算评估指标体系**

## 二、数据来源与集成

黑河市草地生态产品价值评估主要是生态效益价值量。其数据来源包括三部分，①草地资源数据来自于黑龙江省自然资源权益调查监测院提供的统计数据；②社会公共数据来源于我国权威机构所公布的社会公共数据，包括《中国水利年鉴》《中华人民共和国水利部水利建设工程预算定额》、中国农业信息网、中华人民共和国国家卫生健康委员会网站；③草地生态监测数据来自于国家级草地生态监测点，样地样方监测来自于黑龙江省草地监测工作实施方案中涉及的相关监测数据。

## 三、核算公式

### （一）提供产品

生态系统产品是指生态系统所产生的，通过提供直接产品或服务维持人的生活生产活动、为人类带来直接利益的产品。草地生态系统提供的产品可以归纳为畜牧业产品和植物资源产品两大类。畜牧业产品是指通过人类的放牧或刈割饲养牲畜，草地生态系统产出的人类生活必需的肉、奶、毛、皮等畜牧业产品。植物资源则主要包括食用、药用、工业用、环境用植物资源以及基因资源、保护种资源。

### 1. 草产品价值

计算公式：

$$U_{草}=S \cdot Y \cdot P_{草} \tag{6-1}$$

式中：$U_{草}$——草产品价值（元/年）；

　　　$S$——草地面积（公顷）；

　　　$Y$——草地单位面积产草量（千克/公顷）；

　　　$P_{草}$——牧草价值（元/千克）。

### 2. 畜牧产品价值

计算公式：

$$U_{牲畜}=Q \cdot P=\frac{\sum S \cdot Y \cdot R}{E \cdot D} \cdot P \tag{6-2}$$

式中：$U_{牲畜}$——畜牧产品价值（元/年）；

　　　$Q$——草地载畜量（只）；

　　　$P$——牲畜价格（千克/元）；

　　　$S$——可利用草地面积（公顷）；

　　　$Y$——牧草单位面积产草量（千克/公顷）；

　　　$R$——牧草利用率；

　　　$E$——牲畜日食量（千克/日）；

　　　$D$——放牧天数（天）。

## （二）生境提供

草地生态系统是生物多样性的重要载体之一，为生物提供丰富的基因资源和繁衍生息的场所，发挥着物种资源保育功能。本研究根据 Shannon-Wiener 指数计算生物多样性保护价值，共划分 7 个等级，即：

Shannon-Wiener 指数 <1 时，$S_{生}$ 为 3000 元/（公顷·年）；

1 ≤ Shannon-Wiener 指数 < 2，$S_{生}$ 为 5000 元/（公顷·年）；

2 ≤ Shannon-Wiener 指数 < 3，$S_{生}$ 为 10000 元/（公顷·年）；

3 ≤ Shannon-Wiener 指数 < 4，$S_{生}$ 为 20000 元/（公顷·年）；

4 ≤ Shannon-Wiener 指数 < 5，$S_{生}$ 为 30000 元/（公顷·年）；

5 ≤ Shannon-Wiener 指数 < 6，$S_{生}$ 为 40000 元/（公顷·年）；

Shannon-Wiener 指数≥6 时，$S_{生}$ 为 50000 元/（公顷·年）。

### （三）固碳释氧

草地植物通过光合作用进行物质循环的过程中，可吸收空气中的 $CO_2$ 并放出 $O_2$，并将碳有效地固定在土壤中，成为陆地上一个重要的碳库。

#### 1. 固碳

计算公式：

$$U_{植物碳} + U_{土壤碳} = \left(Y \cdot S \cdot X \cdot \frac{12}{44} + S \cdot C_i\right) \cdot P_{碳} \tag{6-3}$$

式中：$U_{植物碳}$——草地植物固碳总价值（元/年）；

$U_{土壤碳}$——草地土壤固碳总价值（元/年）；

$Y$——某类型草地单位面积产草量（千克/公顷）；

$S$——草地面积（公顷）；

$X$——草地植物固碳系数 1.63；

$C_i$——实测草地土壤固碳速率（%）；

$P_{碳}$——固碳价格（元/千克，附表 5）。

#### 2. 释氧

计算公式：

$$U_{氧} = Y \cdot S \cdot X' \cdot P_{氧} \tag{6-4}$$

式中：$U_{氧}$——草地释放氧气总价值（元/年）；

$Y$——某类型草地单位面积产草量（千克/公顷）；

$S$——草地面积（公顷）；

$X'$——草地植物释氧系数 1.19；

$P_{氧}$——氧气价格（元/千克，附表 5）。

#### 3. 固碳释氧价值

计算公式：

$$U_{固碳释氧} = U_{土壤氧} + U_{植被氧} + U_{氧} \tag{6-5}$$

### （四）涵养水源

完好的天然草地不仅具有截留降水的功能，而且比空旷裸地有较高的渗透性和保水能力，对涵养土地中的水分有着重要的意义。天然草地的牧草因其根系细小，且多分布于表土层，因而比裸露地和森林有较高的渗透率。计算公式：

$$U_{水} = R \cdot S \cdot P \cdot \theta \tag{6-6}$$

式中：$U_水$——草地涵养水源价值（元/年）；

$R$——草地单位面积降水量（毫米/公顷）；

$S$——草地面积（公顷）；

$P$——水库建设成本（元/立方米，附表5）；

$\theta$——径流系数。

### （五）净化大气环境

#### 1. 吸收二氧化硫

计算公式：

$$U_{二氧化硫} = Q_{二氧化硫} \cdot S \cdot K / N_{二氧化硫} \tag{6-7}$$

式中：$U_{二氧化硫}$——实测草地吸收二氧化流量（千克/年）；

$Q_{二氧化硫}$——实测草地单位面积吸收二氧化硫量（千克/公顷）；

$S$——草地面积（公顷）；

$K$——税额（元）；

$N_{二氧化硫}$——二氧化硫的污染当量值（千克）。

#### 2. 吸收氟化物

计算公式：

$$U_{氟化物} = Q_{氟化物} \cdot S \cdot K / N_{氟化物} \tag{6-8}$$

式中：$U_{氟化物}$——实测草地吸收氟化物量（千克/年）；

$Q_{氟化物}$——实测草地单位面积吸收氟化物量（千克/公顷）；

$S$——草地面积（公顷）；

$K$——税额（元）；

$N_{氟化物}$——氟化物的污染当量值（千克）。

#### 3. 吸收氮氧化物

计算公式：

$$U_{氮氧化物} = Q_{氮氧化物} \cdot S \cdot K / N_{氮氧化物} \tag{6-9}$$

式中：$U_{氮氧化物}$——实测草地吸收氮氧化物量（千克/年）；

$Q_{氮氧化物}$——草地单位面积吸收氮氧化物量（千克/公顷）；

$S$——草地面积（公顷）；

$K$——税额（元）；

$N_{氮氧化物}$——氮氧化污染当量值（千克）。

## 4. 滞纳 TSP

计算公式：

$$U_{TSP} = (G_{TSP} - G_{PM_{10}} - G_{PM_{2.5}}) \cdot S \cdot K / N_{一般性粉尘} + U_{PM_{10}} + U_{PM_{2.5}} \tag{6-10}$$

式中：$U_{TSP}$——实测草地滞尘价值（元/年）；

$G_{TSP}$、$G_{PM_{10}}$ 和 $G_{PM_{2.5}}$——实测草地滞纳的 $G_{TSP}$、$G_{PM_{10}}$ 和 $G_{PM_{2.5}}$ 的量（千克/公顷）；

$S$——草地面积（公顷）；

$K$——税额（元）；

$N_{一般性粉尘}$——一般性粉尘污染当量值（千克）；

$U_{PM_{10}}$——评估草地年潜在滞纳 $PM_{10}$ 的价值（元/年）；

$U_{PM_{2.5}}$——评估草地年潜在滞纳 $PM_{2.5}$ 的价值（元/年）。

## 5. 滞纳 $PM_{10}$

计算公式：

$$U_{PM_{10}} = 10 Q_{PM_{10}} \cdot S \cdot n \cdot LAI \cdot K / N_{炭黑尘} \tag{6-11}$$

式中：$U_{PM_{10}}$——草地滞纳 $PM_{10}$ 价值（元/年）；

$Q_{PM_{10}}$——草地单位面积滞纳 $PM_{10}$ 量（千克/公顷）；

$S$——草地面积（公顷）；

$n$——年洗脱次数；

LAI——叶面积指数；

$K$——税额（元）；

$N_{炭黑尘}$——炭黑尘污染当量值（千克）。

## 6. 滞纳 $PM_{2.5}$

计算公式：

$$U_{PM_{2.5}} = 10 Q_{PM_{2.5}} \cdot S \cdot n \cdot LAI \cdot K / N_{炭黑尘} \tag{6-12}$$

式中：$U_{PM_{2.5}}$——草地滞纳 $PM_{2.5}$ 价值（元/年）；

$Q_{PM_{2.5}}$——草地单位面积滞纳 $PM_{2.5}$ 量（千克/公顷）；

$S$——草地面积（公顷）；

$n$——年洗脱次数；

LAI——叶面积指数；

$K$——税额（元）；

$N_{炭黑尘}$——炭黑尘污染当量值（千克）。

### (六) 废弃物降解

牲畜放牧过程中，大量的排泄物散落在草地生态系统中，在自然风化、淋滤以及生物碎裂和微生物分解等综合作用下得以降解，养分归还草地生态系统。该功能避免了大量牲畜粪便积存，对于维持草地生态系统功能与过程至关重要。

计算公式：

$$U_{废弃物} = \lambda \sum_{i=1}^{n} \sum_{j=1}^{n} W_{ij} \cdot r_{ij} \cdot \omega_{ij} \cdot P \tag{6-13}$$

式中：$U_{废弃物}$——因废弃物降解而归还的营养物质总价值（元/年）；

$\lambda$——牲畜粪便归还草地比率（归还率可取 30%）；

$ij$——分别为评价的牲畜类型（牛、马、羊）和营养物类型（N、$P_2O_5$）；

$W_{ij}$——分别取草地的牛、马、羊载畜量（只/公顷）；

$r_{ij}$——不同类型牲畜个体粪便量（吨）；

$\omega_{ij}$——不同类型牲畜个体粪便中营养元素平均含量（%）；

$P$——我国平均化肥价格（元/吨，附表5）。

### (七) 保育土壤

草地生态系统具有保育土壤的作用，黑河市草地生态系统保育土壤功能主要表现为减少草地风力侵蚀和保肥两方面。

计算公式：

$$U_{保} = U_{风蚀} + U_{肥} = S \cdot (M_0 - M_1) \cdot C_{土} + S \cdot (M_0 - M_1) \, C_i \cdot D_i \cdot P_i \tag{6-14}$$

式中：$U_{保}$——草地保育土壤价值（元/年）；

$U_{风蚀}$——减少草地风力侵蚀价值（元/年）；

$U_{肥}$——草地保肥价值（元/年）；

$S$——不同类型的草地面积（公顷）；

$M_0$——实测不同类型草地无草覆盖下的风力侵蚀量 [吨/（公顷·年）]；

$M_1$——实测不同类型草地有草覆盖下的风力侵蚀量 [吨/（公顷·年）]；

$C_i$——土壤中养分（N、P、K 和有机质）平均含量（%）；

$D_i$——土壤中氮、磷、钾折算为化肥的系数；

$C_{土}$——挖取单位面积土方费用（元/吨，附表5）；

$P_i$——化肥价格（元/吨，附表5）。

### (八) 游憩休闲

草地生态系统独特的自然景观、气候特色和草原地区长期形成的民族特色、人文特色和地缘优势构成得天独厚的生态旅游资源。在一些省份或地区，草原旅游已成为区域旅游产业的重要组成部分。

计算公式：

$$U_{游憩}=G \cdot R' \qquad (6-15)$$

式中：$U_{游憩}$——草地游憩功能价值（元/年）；

$G$——研究地旅游年总收入（元）；

$R'$——草地为主题的旅游收入占旅游总收入比重（%）。

### （九）草本养分固持

生态系统通过生态过程促使生物与非生物之间进行物质交换。绿色植物从无机环境中获得必需的营养物质构造生物体，小型异养生物分解已死的原生质或复杂的化合物，吸收其中某些分解的产物，释放能为绿色植物所利用的无机营养物质。参与生态系统维持养分循环的物质种类很多，其中的大量元素包括有机质、全氮、有效磷、有效钾等。

计算公式：

$$U_{肥}=Q_{干草} \cdot S \cdot \left( \frac{R_N \cdot P_n}{D_n} + \frac{R_P \cdot P_p}{D_p} + \frac{R_K \cdot P_k}{D_k} \right) \qquad (6-16)$$

式中：$U_{肥}$——草本养分固持氮固持价值（元/年）；

$Q_{干草}$——年干草产量（吨/公顷）；

$S$——草地面积（公顷）；

$R_N$——单位重量牧草的氮元素含量（%）；

$D_n$——磷酸二铵化肥含氮量（%）；

$P_n$——磷酸二铵化肥价格（元/吨，附表5）；

$R_P$——单位重量牧草的磷元素含量（%）；

$D_p$——磷酸二铵化肥含氮量（%）；

$P_p$——磷酸二铵化肥价格（元/吨，附表5）；

$R_K$——单位重量牧草的钾元素含量（%）；

$D_k$——氯化铵化肥含钾量（%）；

$P_k$——氯化钾化肥价格（元/吨）。

## 第二节　草地生态产品价值评估结果

### 一、草地生态产品价值评估结果

由表 6-1 可以看出，黑河市草地生态产品总价值量为 100.48 亿元，相当于 2018 年黑河市 GDP 505.1 亿元（黑河市统计年鉴，2019）的 19.89%。每公顷草地提供生态系统服务生态产品价值量为 1.47 万元/年，其中固碳释氧的价值量最大，占黑河市草地生态产品总价值量的 56.00%，表明黑河市草地生态系统强大的固碳功能，不仅对缓解全球气候环境作出巨大贡献，而且为草地生物质能源的开发利用提供了重要支持。其次为保育土壤功能，草地生态系统可以增加地表粗糙度，有效地保护土壤，减少土壤肥力损失。

表 6-1 黑河市草地生态产品价值评估结果

| 服务类别 | 功能类别 | 价值量（亿元/年） | 占比（%） |
| --- | --- | --- | --- |
| 供给服务 | 提供产品 | 3.46 | 3.45 |
| | 生境提供 | 2.31 | 2.30 |
| 支持服务 | 保育土壤 | 18.53 | 18.45 |
| | 草本养分固持 | 6.63 | 6.60 |
| 调节服务 | 固碳释氧 | 56.26 | 56.00 |
| | 净化大气环境 | 6.53 | 6.50 |
| | 废弃物降解 | 2.14 | 2.13 |
| | 涵养水源 | 1.84 | 1.83 |
| 文化服务 | 游憩休闲 | 2.76 | 2.75 |
| 合计 | | 100.48 | 100.00 |

由表 6-2 和图 6-2 可以看出，黑河市各县（市、区）草地生态产品价值具有明显的差异。总体上说，北部地区大于西南部地区，爱辉区和嫩江市的草地生态产品价值之和占总价值的 55.81%。主要原因是北地区草地面积大，分布较广，大面积草地可以有效增加地表粗糙度，减少风蚀的影响。而且当地相关部门采用物理技术、化学技术、工程技术和生物生态技术等恢复退化草地。有研究表明，气候条件是影响牧草产量的最关键因素。而草地生态系统也在应对气候变化方面发挥着重要作用。保护好草地不仅可以应对气候变化，而且可以提高牧草产量，为当地牧民的生产生活提供保障。

表 6-2 黑河市各县（市、区）草地生态产品价值评估结果

亿元/年

| 县（市、区） | 供给服务 | | 调节服务 | | | | 文化服务 | 支持服务 | | 合计 |
| --- | --- | --- | --- | --- | --- | --- | --- | --- | --- | --- |
| | 提供产品 | 生境提供 | 固碳释氧 | 涵养水源 | 净化大气环境 | 废弃物降解 | 游憩休闲 | 保育土壤 | 草本养分固持 | |
| 爱辉区 | 0.99 | 0.66 | 16.15 | 0.53 | 1.87 | 0.61 | 0.79 | 5.32 | 1.90 | 28.84 |
| 嫩江市 | 0.94 | 0.63 | 15.25 | 0.50 | 1.77 | 0.58 | 0.75 | 5.02 | 1.80 | 27.24 |
| 逊克县 | 0.62 | 0.42 | 10.11 | 0.33 | 1.17 | 0.38 | 0.50 | 3.33 | 1.19 | 18.05 |
| 五大连池市 | 0.46 | 0.31 | 7.46 | 0.24 | 0.87 | 0.28 | 0.37 | 2.46 | 0.88 | 13.33 |
| 北安市 | 0.26 | 0.17 | 4.24 | 0.14 | 0.49 | 0.16 | 0.21 | 1.40 | 0.50 | 7.56 |
| 孙吴县 | 0.15 | 0.10 | 2.44 | 0.08 | 0.28 | 0.09 | 0.12 | 0.80 | 0.29 | 4.35 |
| 五大连池风景区 | 0.04 | 0.03 | 0.62 | 0.02 | 0.07 | 0.02 | 0.03 | 0.20 | 0.07 | 1.11 |
| 合计 | 3.46 | 2.31 | 56.26 | 1.84 | 6.53 | 2.14 | 2.76 | 18.53 | 6.63 | 100.48 |

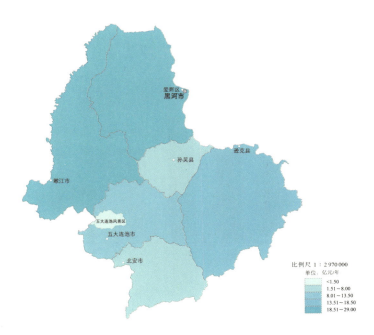

图 6-2　黑河市草地生态产品价值量空间分布

## 二、草地生态系统"四库"功能特征分析

### 1. 草地生态系统"绿色水库"作用

草地生态系统不仅具有较高的渗水性，而且还能截留降水、保水，尤其是对于干旱地区的水循环过程调节与水资源的合理利用发挥着重要的"绿色水库"功能。2018年黑河市草地生态系统涵养水源功能价值量最高的3个县（市、区）是爱辉区、嫩江市、逊克县，分别为0.53亿元/年、0.50亿元/年、0.33亿元/年，3个县（市、区）涵养水源功能价值量总和为1.36亿元，相当于2018年黑河市农林牧渔业总产值的4.82%（图6-3）。草地不仅能截留可观的降水量，而且比空旷地有较高的渗透率，对涵养土壤中的水分具有积极作用。草地生态系统强大的"绿色水库"功能，可以涵养草地中的水分，保障当地居民的生产生活。

### 2. 草地生态系统"绿色碳库"作用

草地植物通过光合作用吸收二氧化碳，释放氧气。草地生态系统吸收大量的碳转化成土壤有机质并储存在土壤中，对保持大气平衡、维持人类正常生活起到基本的"绿色碳库"功能。2018年，黑河市草地生态系统固碳释氧功能价值量最高的3个县（市、区）是爱辉区、嫩江市、逊克县，分别为16.15亿元/年、15.25亿元/年、10.11亿元/年，3个县（市、区）固碳释氧功能的价值量总和为41.51亿元，相当于2018年黑河市农林牧渔业总产值的1.48倍（图6-4）。由于草地生态系统碳的积累量较大，当草地遭到破坏，生态系统的能量传输发生障碍，整个生态系统将随之遭受破坏，将对全球的气候变化产生重大影响。草地是维护陆地环境的天然屏障之一，对人类社会持续发展具有非常重要的作用，保护草地生态系统具有重要的意义，因此草地保护工作不容懈怠。

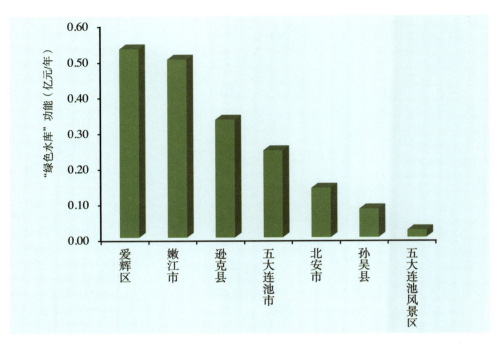

图 6-3　黑河市各县（市、区）草地生态系统"绿色水库"功能分布

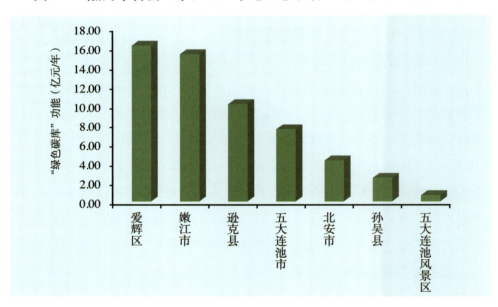

图 6-4　黑河市各县（市、区）草地生态系统"绿色碳库"功能分布

**3. 草地生态系统净化环境"氧吧库"作用**

草地中有很多植物对一些有毒气体具有吸收转化能力，同时还具有吸收尘埃、净化空气的作用。它们能吸收大气中的尘埃和一些有害气体，将其转化为蛋白质或无毒性盐类，草地还在减缓噪声、释放负离子、提供清洁空气和保护人体健康等方面发挥着重要作用。2018 年黑河市草地生态系统净化大气环境功能价值量最高的 3 个县（市、区）是爱辉区、嫩江市和逊克县，分别为 1.87 亿元 / 年、1.77 亿元 / 年和 1.17 亿元 / 年，3 个县（市、区）净化环境功能的价值量总和为 4.81 亿元，相当于 2018 年黑河市农林牧渔业总产值的 17.14%

(图 6-5)。在当下日益严重的环境污染状况下，较大面积的草地对空气净化起到重要的作用。

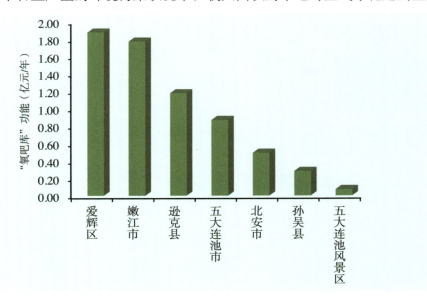

**图 6-5　黑河市各县（市、区）草地生态系统净化环境"氧吧库"功能分布**

### 4. 草地生态系统生物多样性"基因库"作用

草地生态系统是生物多样性的重要载体之一，不仅为生物提供丰富的基因资源和繁衍生息的场所，而且还有效控制有害生物的数量，是一个重要的生物多样性"基因库"。2018年黑河市草地生态系统生境提供功能价值量最高的3个县（市、区）是爱辉区、嫩江市、逊克县，分别为0.66亿元/年、0.63亿元/年、0.42亿元/年，3个县（市、区）生物多样性保护的价值量总和为1.71亿元，相当于2018年黑河市农林牧渔业总产值的6.08%（图6-6）。广阔的草地不仅可以饲养大量的牲畜，而且繁育着大量的野生动物，为许多昆虫提供了庇护所，对于维持生态平衡、保障生态安全具有重要意义。

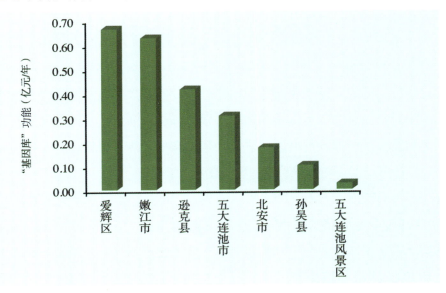

**图 6-6　黑河市各县（市、区）草地生态系统生物多样性"基因库"功能分布**

# 第七章
# 黑河市生态空间生态产品综合分析

生态环境保护和经济社会发展是一个辩证统一的关系，在两者之间人们往往更重视经济社会的发展，而忽略生态环境保护对人类生活质量的影响，导致经济社会发展与生态环境保护之间的矛盾加剧。随着人类生活水平的提高和环保意识的加强，人们在追求经济高速增长的同时，开始重视生态环境的保护和优化，如何协调经济社会高速增长与生态环境保护之间的关系成为亟待解决的问题。森林、湿地、草地作为陆地生态系统的主体和重要资源，在人类生存发展中起着重要生态屏障作用。森林生态系统对于改善当地生态环境、保护生态安全、推进林业生态补偿制度具有重要作用；湿地是陆地与水生生态系统之间的过渡地带，是地球生命支持系统的重要组成单元之一，其独特的栖息地功能是人类社会发展的基本保证；草地通常指以草本植物占优势的植物群落，不仅为人类生产生活提供多种生产资料，而且发挥重要的生态服务功能，本研究从涵养水源的"绿色水库"、固碳释氧的"绿色碳库"、净化大气环境的"氧吧库"、生物多样性的"基因库"等方面对黑河市林草湿生态空间生态产品进行综合分析，阐释森林、湿地、草地生态效益时空特征，掌握生态效益形成与增长的机制，是制定森林、湿地、草地生态效益补偿政策，实现生态效益精准提升的重要依据。本章将从林草湿生态空间生态产品供给的角度出发，分析黑河市经济社会和生态环境保护的绿色低碳循环高质量发展所面临的问题，进而为管理者提供决策依据。

## 第一节 生态空间生态产品特征分析

### 一、生态效益价值量格局

黑河市 2018 年生态空间生态产品总价值为 4464.82 亿元/年，是 2018 年黑河市 GDP

（505.1亿元）的8.84倍（黑河市统计局，2019）。从各县（市、区）空间分布上看，森林、湿地、草地生态系统生态效益价值量呈现为逊克县（1416.48亿元/年）＞爱辉区（1294.92亿元/年）＞嫩江市（701.83亿元/年）＞五大连池市（368.99亿元/年）＞北安市（338.75亿元/年）＞孙吴县（274.46亿元/年）＞五大连池风景区（38.78亿元/年），逊克县、爱辉区和嫩江市3个县（市、区）森林、湿地、草地生态系统生态效益总价值量为3413.23亿元/年，共占全市生态空间生态产品总价值量的76.45%（图7-1）。黑河市森林、湿地、草地生态系统生态效益价值量整体呈现北部地区（爱辉区、嫩江市）＞东南部地区（逊克县、孙吴县）＞西南部地区（五大连池市、北安市、五大连池风景区）的趋势，主要受到各地区土地利用方式与人为活动的影响（图7-2）。北部地区为大兴安岭林区，寒冷干燥，人为干扰程度最弱，土地利用类型多为森林、草地和湿地，森林、湿地、草地生态系统发挥的效益最高；东南部地区为小兴安岭林区，湿润多雨，土地利用类型也多为森林、湿地、草地，人类干扰程度不强，由于该区域独特的气候条件和社会经济因素，保证了森林、湿地、草地生态系统充分发挥其效益；西南部地区为松嫩平原区，是黑河市经济发展的命脉，土地利用类型中森林、湿地、草地的比例较低，人为干扰程度最大，森林、湿地、草地生态系统的效益不如其他两个区域，但是其上升空间最大。在今后的发展中应充分利用黑河市的特色，合理利用森林、湿地、草地资源，将其生态效益转化为经济价值，有效推动社会、经济、环境的绿色健康循环高质量发展。森林、湿地、草地三大生态系统在黑河市生态安全、经济发展、社会和谐方面发挥着至关重要的作用。

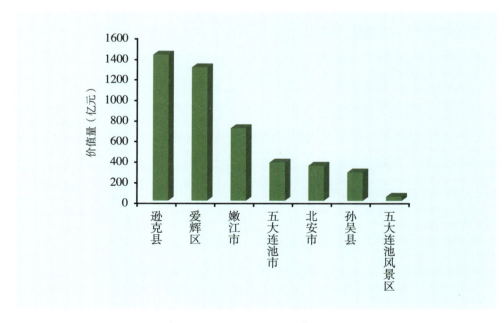

图7-1 黑河市各县（市、区）生态空间生态产品总价值量

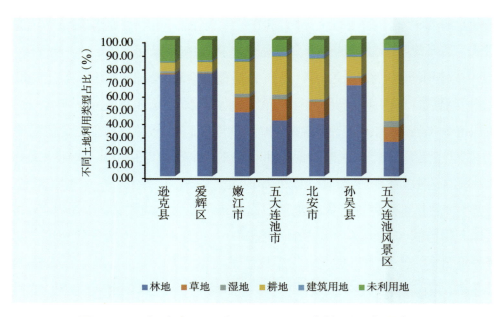

图 7-2 黑河市各县（市、区）不同土地利用类型占比

森林、湿地、草地生态系统主导生态功能存在自然地理分异性。在不同自然地理区域内，森林、湿地、草地生态系统的主导功能效益存在差异。不同自然地理区域森林、湿地、草地生态系统主导功能生态效益的空间分布格局表现为，北部地区（爱辉区、嫩江市）以生物多样性保护、固碳释氧、净化大气环境功能为主，东南部地区（逊克县、孙吴县）以涵养水源、保育土壤、养分固持功能最突出，西南部地区（五大连池市、北安市、五大连池风景区）主要以森林防护、生态康养、提供产品为主导功能（图7-3）。北部地区生物多样性保护、固碳释氧、净化大气环境价值量比例分别为18.51%、14.56%、9.56%，三项功能价值量比例高于其他地区，主要因为北部地区位于大兴安岭林区，森林、湿地、草地面积最大，植物种类丰富，生长良好，植被繁茂，人为干扰小，有利于生物多样性保护、固碳释氧、净化大气环境功能发挥；东南部地区涵养水源、保育土壤、养分固持价值量比例分别为28.57%、17.44%、4.32%，三项功能价值量比例高于其他地区，主要因为东南部地区位于小兴安岭林区，由于森林、湿地、草地面积较大，雨热丰沛、植物生长良好，植被繁茂，并且人为干扰较少，有利于涵养水源、保育土壤、养分固持功能发挥；西南部地区污染防护、生态康养、提供产品价值量比例分别为9.76%、3.21%、0.65%，三项功能价值量比例高于其他地区，主要因为西南部地区位于松嫩平原区，相对其他区域森林、湿地、草地面积小，由于经济发展的需求，主要以农田防护、经济林和灌木植被为主，且降雨量较小、风沙频繁，植被具有较强的滞尘减污、防护功能。

黑河市森林生态效益价值量最大（3006.09亿元/年），其次是湿地生态效益价值量（1358.24亿元/年），最小的是草地生态效益价值量（100.46亿元/年）。黑河市森林、湿地、草地生态系统中，森林规模大、森林质量较好，故其生态效益最大；湿地规模次之，湿地资源质量和管理较好，其生态效益也较高；草地规模最小，草地资源质量和管护均较差，其生态效益最小，未来随着草地资源保护和管理不断加强，其生态效益也会逐年升高。黑河市森林、湿地、草地生态效益价值量具有相似的空间格局特点均在北部地区（爱辉区、嫩江市）最大，东南部地区（逊克县、孙吴县）次之，西南部地区（五大连池市、北安市、五大连池风景区）最小，具体表现是森林生态效益价值量为北部地区（1431.86 亿元／年）＞东南部地区（1147.95 亿元／年）＞西南部地区（426.27 亿元／年）；湿地生态效益价值量为北部地区（536.01 亿元／年）＞东南部地区（518.12 亿元／年）＞西南部地区（13.78 亿元／年）；草地生态效益价值量为北部地区（56.06 亿元／年）＞东南部地区（22.41 亿元／年）＞西南部地区（22.01 亿元／年），如图 7-4。

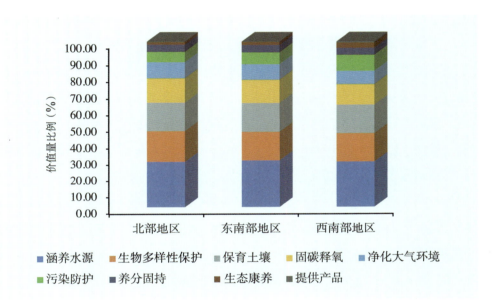

图 7-3　黑河市森林、湿地、草地生态效益价值量比例

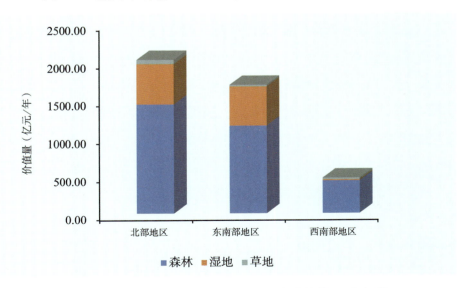

图 7-4　黑河市森林、湿地、草地生态效益价值量空间格局

## 二、黑河市森林、湿地、草地生态效益驱动力分析

黑河市森林、湿地、草地生态系统生态效益是多因素综合作用的结果，且各个因素的影响程度不同，作用机制复杂。本研究分别分析了政策、社会经济与自然环境因素对森林、湿地、草地生态效益的驱动作用，阐述生态效益驱动力的主要作用，有助于充分理解森林、湿地、草地生态效益时空格局形成与演变的内在机制，为进一步提升其潜能提供依据和参考。

### 1. 政策因素对黑河市森林、湿地、草地生态效益驱动作用分析

政策是黑河市森林、湿地、草地生态效益的关键驱动力，没有科学合理的政策支持，植树造林、修复湿地、退牧还草以及森林、湿地、草地资源保护的各项措施就得不到保障，森林、湿地、草地资源状况得不到维持和进一步提高，森林、湿地、草地面积无法保持连续增加，质量无法持续增长，森林、湿地、草地生态效益就得不到提升。政策措施是森林、湿地、草地发展和经营的指引，没有良好的政策支持，森林、湿地、草地发展及经营管理就没有了标准和方向。因此，政策是决定森林、湿地、草地生态效益标准和方向的关键性因子，是驱动森林、湿地、草地生态效益增长的重要因素。黑河市森林、湿地、草地生态效益的增长离不开各项森林、湿地、草地生态工程措施的实施，这是黑河市森林、湿地、草地生态效益增加的首要驱动因子。为切实增加黑河市森林、湿地、草地资源面积，保护现有森林、湿地、草地资源，从国家层面上，黑河市实施了退耕还林、三北防护林等重点林业生态工程，在地方层面上也有针对性地实施了一系列促进地区森林、湿地、草地生态发展的建设措施。

2002年黑河市被列为国家退耕还林工程实施区，这无疑给黑河市生态建设带来了发展机遇，各级领导都高度重视这项工作，按照《退耕还林条例》的要求，从保护和改善生态环境出发，本着"谁退耕、谁造林、谁管护、谁受益"的原则，因地制宜植树造林，将容易发生水土流失的坡耕地有计划、分步骤地退耕还林，以便恢复森林植被。自黑河市实施退耕还林工程以来，截至2018年年底，国家累计投资1.66亿元，完成工程建设任务178.22万亩；其中，退耕地还林13.57万亩，荒山荒地造林105.05万亩，封山育林59.6万亩。工程涉及7个县（市、区）的69个乡镇、566个自然村。目前，退耕还林地块的林分大部分已郁闭，幼林生长良好，基本达到保存合格标准。通过退耕还林工程的实施，全市森林覆盖率增加1.15%，有效控制了工程区内的沙化、退化和水土流失土地118.62万亩，有效保护了优质农田的安全，增加了土壤蓄水、保水能力，提高了抵御自然灾害的能力，生态环境得到明显改善。

三北防护林工程是指在我国西北、华北、东北地区启动防护林体系建设工程，从1978年开始到2050年结束，建设期限长达73年，分3个阶段、8期进行，工程范围占我国陆地总面积的42.4%，规划造林3508万公顷。黑河市作为我国大型农业生产基地松嫩平原重要的生态屏障，也是三北防护林建设工程实施的重点区域，按工程要求把植树造林作为建设重

点，把生态修复作为核心目标，把水土保持和农田防护作为根本任务，坚持改善生态与改善民生相结合，人工造林与自然修复相结合，努力增加黑河市森林资源和生态总量。自黑河市实施三北防护林工程以来，截至2018年年底，完成工程建设任务76.28万亩；其中，人工造林32.63万亩，封山育林43.65万亩。工程涉及4个县（市、区）的34个乡镇、433个自然村。三北防护林工程在黑河市的实施，第一次把森林的生态功能和经济功能有机结合起来，形成了生态经济型防护林体系的发展模式，有力地推进了黑河市林业走大工程带动大发展的道路，对于全市生态文明建设具有十分重要的意义。

除了实施了退耕还林、三北防护林等国家重点林业生态建设工程以外，按照黑龙江省委、省政府提出的"八大经济区"战略部署，针对生态建设实际，黑河市提出了全力推进大小兴安岭生态功能保护区黑河区建设，以构筑国家重要生态屏障和龙江生态核心区为方向的战略布局。相继出台了《黑河市委、市政府关于进一步加快林业改革发展的决定》《黑河市湿地保护修复实施方案》《黑河市人民政府办公室关于加强草原保护与建设工作的通知》等多项政策规划，还重点实施了公益林管护、湿地保护、草原保护、自然保护区建设、野生动植物资源保护、造林会战、村屯绿化、停止国有林木商业性采伐、湿地资源恢复、草地生态修复等多项工程。截至2018年年底，圆满完成了森林、湿地、草地生态建设各项任务。完成造林绿化197.96万亩、封山育林106.25万亩；年度实施国家级公益林森林生态效益补偿1730.70万亩、天然商品林694.67万亩、地方公益林森林生态效益补偿17.13万亩，累计完成森林抚育补贴项目411.64万亩，林冠下更新补植55.5万亩。通过众多森林、湿地、草地生态政策的驱动和推进，实现了森林、湿地、草地面积增加，森林、湿地、草地质量提高，促进了黑河市生态环境不断改善和发展，从而有效的提升森林、湿地、草地生态系统的服务功能。

### 2. 社会经济因素对黑河市森林、湿地、草地生态效益驱动作用分析

社会经济因素亦会对森林、湿地、草地资源的变化产生影响，人口数量及人口密度和经济发展水平是制约森林、湿地、草地资源消长的重要因子（李双成和杨勤业，2000）。研究表明：农民人均家庭纯收入对有森林、湿地、草地面积和林木活立木蓄积量都具有较显著的正向影响。这是因为农民收入水平提高，会减少农民的生存压力，从而减少了毁林开荒的可能性以及对森林、湿地、草地资源的过度依赖，这在很大程度上缓解了森林、湿地、草地资源的压力（甄江红等，2006）。本研究选取国民生产总值、人口数量、林业投资、农民收入、林业产值、造林面积6个驱动力因子与森林、湿地、草地生态效益进行相关性分析，探讨森林、湿地、草地生态系统服务功能与社会经济因素之间的关系，分析森林、湿地、草地生态效益的驱动因子。

从表7-1中可以看出：森林、湿地、草地生态效益与GDP、人口数量、农民收入、林业产值、造林面积显著相关，主要原因首先是社会经济条件是黑河市森林、湿地、草地生态建设工程的基础，而森林、湿地、草地生态工程和建设又是驱动森林、湿地、草地生态效益的

关键因子，所以社会经济条件在驱动黑河市森林、湿地、草地生态效益中发挥着重要作用。随着改革开放的不断深入，黑河市财政收入不断增长，为黑河市实施各项森林、湿地、草地生态工程奠定了坚实的经济基础和物质条件。改革开放政策不仅使黑河市经济保持持续、快速、稳定发展，而且在实现建立现代市场经济体系方面取得了重大进展，从过去单纯追求经济目标转变为追求经济、社会、环境全面协调可持续发展，这种转变为黑河市森林、湿地、草地生态系统的健康发展奠定了社会经济基础。

其次生态效益与社会经济效益是黑河市森林、湿地、草地生态工程建设的主要目标，二者相互促进协调发展。林业产值与农民收入也呈显著相关，黑河市森林、湿地、草地生态工程既是生态工程，也是富民工程。森林、湿地、草地生态工程的实施，不仅能够改善当地的生态环境，促进生态效益的增加，同时合理的引导、正确的实施也是改变农民收入的重要途径，达到生态效益和民生工程互利双赢。黑河市实施的各项森林、湿地、草地生态工程规划与国民经济和社会发展规划、农村经济发展总体规划、土地利用总体规划相衔接，在改善生态环境的同时，促进土地利用结构、就业结构和产业结构的合理调整，促进林区林业和畜牧业以及其他相关产业的发展，不断提高林区的经济实力，不断提升林农户的人均收入和生活质量。黑河市森林、湿地、草地生态工程所取得的社会经济效益不仅有利于生态脱贫和区域经济发展，而且对生态效益的增长具有促进作用。在获得经济效益后，林农牧民对各项生态工程持更加积极的欢迎态度，更利于各项工程的顺利实施，有利于森林、湿地、草地的科

表 7-1　森林生态系统服务与驱动力因子相关关系

| 项目 | 生态效益 | GDP | 人口数量 | 林业投资 | 农民收入 | 林业产值 | 造林面积 |
|---|---|---|---|---|---|---|---|
| 生态效益 | 1 | | | | | | |
| GDP | 0.828* | 1 | | | | | |
| 人口数量 | 0.992** | 0.787 | 1 | | | | |
| 林业投资 | 0.935** | 0.855* | 0.891* | 1 | | | |
| 农民收入 | 0.991** | 0.828* | 0.993** | 0.891* | 1 | | |
| 林业产值 | 0.997** | 0.798 | 0.995** | 0.914* | 0.994** | 1 | |
| 造林面积 | 0.988** | 0.889 | 0.996** | 0.942** | 0.977** | 0.978** | 1 |

注：\* 在 0.05 级别（双尾）相关性显著；\*\* 在 0.01 级别（双尾）相关性显著。

学管理，从而有效地驱动黑河市森林、湿地、草地生态系统生态效益的稳步提升。

**3. 自然环境因素对黑河市森林、湿地、草地生态系统生态效益驱动作用分析**

自然环境因素也是森林、湿地、草地生态效益时空格局动态的重要驱动力，通过影响植物生长代谢过程、植被结构、生态系统能量流动与物质循环等方式，进而驱动森林、湿地、草地生态效益时空格局的演变。自然环境因素对黑河市森林、湿地、草地生态系统生态效益的驱动作用主要表现在生态效益增减和生态效益区域分异性两个方面。自然环境因素是植物

生长的基础，因此良好的自然环境可以有效促进植物群落植被的生长、能量流动及养分循环，从而增加其生态效益，而恶劣的自然生态环境会限制植物群落植被的生长，严重的自然灾害环境甚至会摧毁植被，从而减少其生态效益。自然环境因素对森林、湿地、草地生态效益地理分异性的驱动作用较为复杂，是不同区域自然环境要素的差异与植被群落相互作用的过程。

平均降水量和植被覆盖度是影响黑河市森林、湿地、草地生态效益的主要驱动因素。黑河市降水量自西北向东南递减，年平均降水量490～540毫米，其中北部地区520～560毫米、东南部500～550毫米，西南部480～540毫米。降水集中在植物生长季，平均生长季降水量为343～432毫米，降水相对变率为10%～20%，有利于生态自我修复功能的发挥。在各种生物气候因素的影响下，黑河市植被分布表现出明显的纬向带状分布规律，总体上表现为3个植被与土地利用区带，即北部大兴安岭林区、东南部小兴安岭林区和西南部松嫩平原植被区。植物生长与水分关系密切，降水充沛的区域，植物生长良好，其植被覆盖度较高，森林、湿地、草地也发挥着较高的生态效益（Chen，2005；Zhou，2009；Yin，2009）。除此以外，地形地貌也是一个重要的影响因素，主要表现为坡度、坡向对森林、湿地、草地植被的影响。本研究显示，北部大兴安岭林区和东南部小兴安岭林区森林、湿地、草地生态效益明显高于西南部松嫩平原区，这主要是因为北部大兴安岭林区和东南部小兴安岭林区海拔相对较高，降水条件较好，雨量充沛，森林、湿地、草地植被生长较好，再加上人为干扰相对较轻，从而使得其森林、湿地、草地面积较大，森林、湿地、草地植被覆盖率较高，森林、湿地、草地质量相对较强，森林、湿地、草地生态效益也最大。而西南部松嫩平原区植被覆盖分别以分散的森林、湿地和草地为主，森林、湿地、草地植被覆盖率不及北部大兴安岭林区和东南部小兴安岭林区，其森林、湿地、草地生态效益整体也较低。因此，平均降水量和植被覆盖度是影响黑河市森林、湿地、草地生态系统生态效益区域性差异的重要因素。

平均降水量、土地生产力和土壤有机质是影响黑河市森林、湿地、草地生态系统生态效益的主要驱动因素。黑河市西南部地区降水量为480～540毫米；植被生产力低、植被覆盖度低，大部分属于森林、湿地、草地生产力低产区；土壤养分含量与植被生产力相互关联，总的趋势是植被生产力高的土壤养分含量也较高。黑河市是我国北疆的重要生态屏障，地理位置特殊，森林、湿地、草地植被成为了阻挡西北部风沙东进和保护西南部松嫩平原区生态安全的一道绿色防线。植物通过3种方式阻止地表风蚀或风沙活动：①覆盖部分地表，使被覆盖部分免受风力作用；②分散地表以上一定高度内的风动量从而减弱到达地表风的动能；③拦截运动沙粒促其沉积。森林、湿地、草地生态系统能够有效地防止土壤风蚀，促进自然景观的恢复（Saleh and Fryrear，1999；Mitchell，1999）。本研究显示，地处黑河市西南部地区的五大连池市、北安市、五大连池风景区，虽然森林、湿地、草地面积和质量均不及黑河市北部和东南部地区，但其森林防护、湿地降解污染和草地废弃物降解的价值却占有一定的比例。这主要是因为该地区属于松嫩平原农田区及农林过度带，能够很好地降低风速，使风携带的沙尘物质沉降；风速降低，也减弱了风携带沙尘等物质的能力，使得更多的沙尘物质不被裹挟到大气中；同时，森林、湿地、草地又能够滞纳空气中的沙尘等颗粒物，吸收环境中的有害物质，较好地起到净化环境的作用。再加之近年来黑河市西南部地区"一退三还"，大量植树还湿种草，增加了地表的覆盖度，减少近地表风速，并增大沙尘等物质的起沙风速，从而更好地起到净化环境的作用。

## 第二节 生态空间"四库"功能特征分析

### 一、生态空间"绿色水库"功能特征分析

水作为一种特殊的生态资源，是支撑整个地球生命系统的基础，水生态系统不仅提供了维持人类生活和生产活动的基础产品，还具有维持自然生态系统结构、生态过程与区域生态环境的功能。随着经济的飞速发展、人口的急剧增加，人类对水资源的需求量愈来愈高，而水资源短缺已成为人类共同关注的全球性问题。森林、湿地、草地生态系统具有的涵养水源、储水蓄水、调节径流、缓洪补枯和净化水质等功能，是一座天然的"绿色水库"。2018年黑河市生态空间涵养水源价值量为1253.9亿元（图7-5），相当于全市水利、环境和公共设施投资的5.62倍。黑河市2018年人均水资源总量7329.54立方米，是全国平均水平的3.57倍，属于水资源丰富地区，但黑河市水量分布在空间上极度不均匀，呈现"北丰东多西少"的格局，而全市森林、湿地、草地发挥的"绿色水库"功能在解决局部水资源缺乏、改善水资源时空分配、促进水资源合理利用等问题上具有至关重要的作用。

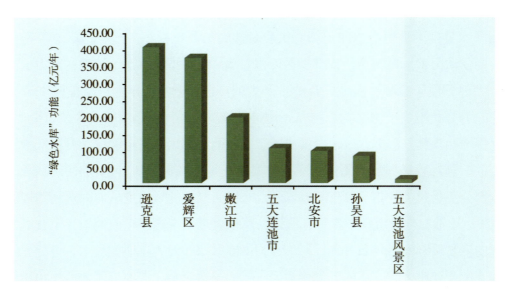

图 7-5 黑河市各县（市、区）生态空间"绿色水库"功能空间分布

## 二、生态空间"绿色碳库"功能特征分析

习近平总书记向世界作出了"中国二氧化碳排放力争于2030年达到峰值,努力争取2060年之前实现碳中和"的庄严承诺,这是中国为应对全球气候变化主动提出的"国家自主贡献",充分体现了中国实现绿色发展、为维护全球生态安全做贡献的坚定意志和决心,也赋予了林业新的重大使命。需要采取综合措施,发挥多方面的作用,尤其要发挥林业在减少、吸收和固定二氧化碳中的关键作用:一要发挥林业碳减排的关键作用;二要发挥森林、湿地、草地对碳吸收的关键作用;三要发挥林业产业对碳固定的关键作用。通过各方面的努力,共同为实现碳达峰、碳中和的目标作出贡献。

森林固定并减少大气中的二氧化碳和提高并增加大气中的氧气,这对维持地球大气中二氧化碳和氧气的动态平衡、减少温室效应以及提供人类生存的基础来说,有着巨大和不可替代的作用。湿地生态系统土壤温度低、湿度大、微生物活动弱、植物残体分解缓慢,土壤呼吸释放二氧化碳速率低,形成碳积累。草地生态系统固定二氧化碳形成有机质,对于调节大气组分动态平衡、维持人类生存的最基本条件起着至关重要的作用。2018年黑河市生态空间固碳释氧功能价值量为596.32亿元(图7-6),相当于黑河市GDP(黑河市统计局,2019)的1.18倍,三大生态系统在应对全球气候变化、发展低碳经济和推进节能减排的过程中发挥着不可替代的"绿色碳库"功能。未来伴随着新技术和新能源的使用和碳汇交易的开展,三大生态系统的"绿色碳库"功能提高了全市国民经济的发展,为生态建设提供支持,为全市生态环境的改善作出巨大贡献。

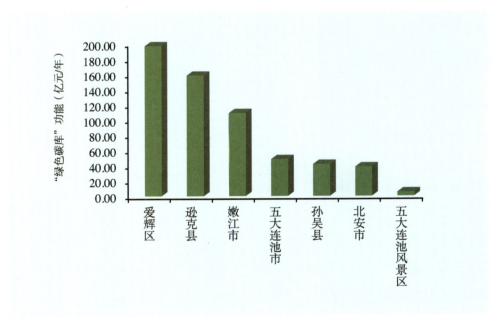

图7-6 黑河市各县(市、区)生态空间"绿色碳库"功能空间分布

## 三、生态空间净化环境"氧吧库"功能特征分析

森林可以通过叶片吸附大气颗粒物与气体污染物，在净化大气中扮演着重要的角色，此外还可以提供大量的负离子作为一种无形的旅游资源供人类享用。湿地中的芦苇等植物对水体中污染物质的吸收、代谢、分解、积累和减轻水体富营养化等具有重要作用，并且湿地由于水体面积大，其对于区域小气候的调节不可忽视。草地生态系统可以吸收空气中的二氧化硫、粉尘等污染物，美化环境，为人类创造良好的居住环境。2018年黑河市生态空间净化环境"氧吧库"功能价值量为718.91亿元（图7-7），是全市治理工业污染投资的73.36倍（黑河市统计局，2019）。社会经济的快速发展带来了经济的繁荣和人民生活水平的提高，同时也使工业烟尘、工业废水、工业废气、汽车尾气等污染物排放量随之增高，而林草湿生态空间净化环境"氧吧库"功能在地区清洁发展和生态环境建设中发挥着重要作用。

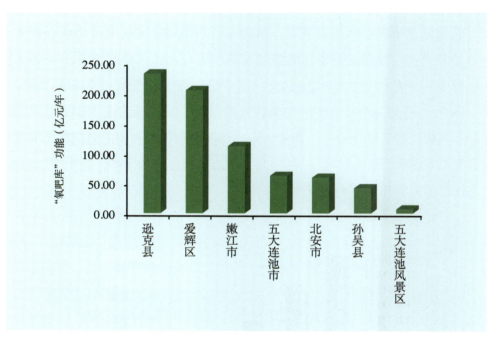

图7-7　黑河市各县（市、区）生态空间净化环境"氧吧库"功能空间分布

## 四、生态空间生物多样性保护"基因库"功能特征分析

保护生物多样性和景观旨在保护和恢复动植物群落、生态系统和生境以及保护和恢复天然和半天然景观的措施和活动，应将保护生物多样性和保护景观密切联系起来，例如维护或建立某种景观类型、生境和生态区以及相关问题，均与维护生物多样性有着明确的关联，同时能够增加景观的审美价值（SEEA，2012）。森林生态系统为生物物种提供生存与繁衍的场所，对其中的动物、植物、微生物及其所拥有的基因及生物的生存环境起到保育作用，而且还为生物进化以及生物多样性的产生与形成提供了条件。湿地生态系统的高度异质性为众多野生动植物栖息、繁衍提供了基地和珍稀候鸟迁徙途中的重要栖息地，因而在保护生物多

样性方面具有极其重要的价值。湿地还养育着许多野生物种，从中可培育出诸多商业性品种，给人类带来更大的经济价值。草地生态系统为许多草地大型动物和昆虫提供了栖息地和庇护所，并且多数分布在降水少、气候干旱、生长季节短暂的区域，草本植被独特的耐旱、耐寒特性是目前国内外抗逆性基因研究的重点。生态空间生物多样性"基因库"功能是人类社会生存和可持续发展的基础。2018年黑河市生态空间生物多样性"基因库"功能价值量为795.74亿元，占林草湿生态空间"四库"总价值量的23.65%（图7-8）。重视生态空间生物多样性"基因库"功能，不仅为人类提供福祉，还可以为动植物提供生存生长环境，对于维持区域生态平衡、保护珍稀物种具有重要作用。

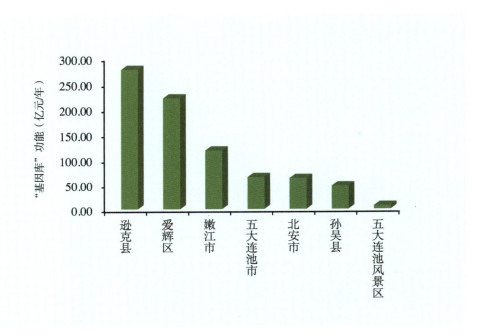

图 7-8　黑河市各县（市、区）生态空间生物多样保护性"基因库"功能空间分布

## 第三节　生态效益定量化补偿研究

2018年12月，国家多部门联合发布《建立市场化、多元化生态保护补偿机制行动计划》，提出以生态产品产出能力为基础，健全生态保护补偿及其相关制度。在2016年《关于健全生态保护补偿机制的意见》的基础上，进一步细化、明确和强调了以生态产品产出能力为基础，健全生态保护补偿标准体系、绩效评估体系、统计指标体系和信息发布制度，用市场化、多元化的生态补偿方式实现生态产品价值（国家发展和改革委员会等，2018）。2020年5月，财政部等4部门发布了关于印发《支持引导黄河全流域建立横向生态补偿机制试点实施方案》的通知（财政部，2020），该通知以习近平生态文明思想为指导，认真贯彻落实党

中央、国务院关于健全生态补偿机制的决策部署，牢固树立绿水青山就是金山银山的理念，探索建立具有示范意义的全流域横向生态补偿措施。其基本原则：①生态优先，绿色发展；②全域推进，协同治理；③平台支撑，资源共享；④结果导向，讲求实效。该通知的目的是通过建立黄河流域生态补偿机制，实现黄河流域生态环境治理体系和治理能力进一步完善和提升，河湖、湿地生态功能逐步修复，水源涵养、水土保持等生态功能增强，生物多样性稳步增加，水资源得到有效保护和节约集约利用。该方案为在全国各地进行生态补偿的研究提供了思路。

## 一、森林生态系统科学量化补偿研究

黑龙江省委、省政府发布《关于加快推进生态文明建设的实施意见》指出在重点生态功能区、生态环境敏感区和脆弱区等区域，科学划定森林、湿地、草地等领域生态保护红线，强化地方政府和重点国有林区的林地、湿地和草地保护主体责任，健全生态保护补偿机制，逐步扩大省级森林生态效益资金规模，提高补偿标准，按照国家有关规定，科学合理使用转移支付生态补偿资金，将转移支付资金用于生态环境保护。

随着人们对森林认识的逐渐加深，对森林生态效益的研究力度也在逐步加大，森林生态效益受到了各级政府部门的重视。对生态补偿的研究有利于生态效益评估工作的推进与开展，生态效益评估又有助于生态补偿制度的实施和利益分配的公平性。根据"谁受益、谁补偿，谁破坏、谁恢复"的原则，应该完善对重点生态功能区的生态补偿机制，形成相应的横向生态补偿制度，森林生态效益补偿可以更好地给予生态效益提供相应的补助（牛香，2012；王兵，2015）。

在全国人大十三届四次会议期间，习近平总书记参加内蒙古代表团和青海代表团审议时，对内蒙古大兴安岭林区生态产品价值评估结果给予高度肯定，总书记指出"生态本身就是价值，不仅有林木本身的价值，还有绿肺效应、更能带来旅游、林下经济等，'绿水青山就是金山银山'是增值的。"林草系统要保护好生态资源，增加优质生态产品供给，推动产业结构和发展方式转变，着力做大绿色GDP，推动绿水青山转化成金山银山。要不断增强林草碳汇能力，积极探索森林、湿地、草地、荒漠等自然生态系统的服务价值评估核算方法和应用领域，建立健全生态补偿机制，探索生态产品价值实现路径，完善激励机制和监督考核机制。

### 1. 人类发展指数

人类发展指数（human development index，HDI）是对人类发展情况的总体衡量尺度。它主要是从人类发展的健康长寿、知识的获取以及生活水平3个基本维度衡量一个国家取得的平均成就。HDI是衡量每个维度取得成就的标准化指数的集合平均数，基本原理及估算方法已有相关研究（Klugman，2011）。

人类发展指数基本原理如图 7-9 所示。

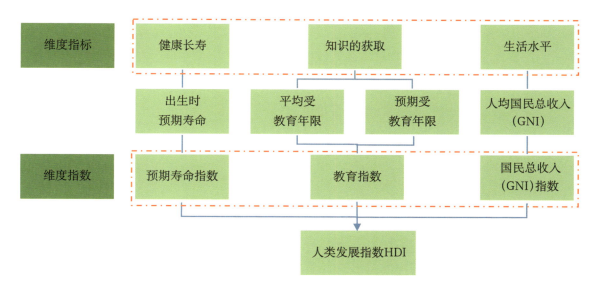

图 7-9　人类发展指数基本原理

估算人类发展指数的方法：

第一步：建立维度指数。设定最小值和最大值（数据范围），将指标转变为 0～1 的数值。最大值是从有数据记载的年份至今观察到的指标的最大值，最小值可被视为最低生活标准的合适数值。国际上通用的最小值被定为：预期寿命为 20 年，平均受教育年限和预期受教育年限均为 0 年，人均国民总收入为 100 美元。定义了最大值和最小值之后按照如下公式计算，由于维度指数代表了相应维度能力，从收入到能力的转换可能是凹函数（Anand，1994）。因此，需要对维度指数的最小值和最大值取自然对数。

$$维度指数 = （实际值-最小值）/（最大值-最小值） \quad (7-1)$$

$$即：I_{寿命} = (L_{实际值} - L_{最小值})/(L_{最大值} - L_{最小值}) \quad (7-2)$$

$$I_{教育1} = (Y_{实际值1} - Y_{最小值1})/(Y_{最大值1} - Y_{最小值1}) \quad (7-3)$$

$$I_{教育2} = (Y_{实际值2} - Y_{最小值2})/(Y_{最大值2} - Y_{最小值2}) \quad (7-4)$$

$$I_{教育} = [(I_{教育1} \cdot I_{教育2}) - I_{最小值}]/(J_{最大值} - J_{最小值}) \quad (7-5)$$

$$I_{收入} = (lnR_{实际值} - lnR_{最小值})/(lnR_{最大值} - lnR_{最小值}) \quad (7-6)$$

式中：$I_{寿命}$——预期寿命指数；

$I_{教育}$——综合教育指数；

$I_{教育1}$——平均受教育年限指数；

$I_{教育2}$——预期受教育年限指数；

$I_{收入}$——收入指数；

$L_{实际值}$——寿命实际值；

$L_{最大值}$——寿命最大值；

$L_{最小值}$——寿命最小值；

$Y_{实际值1}$——平均受教育年限实际值；

$Y_{最大值1}$——平均受教育年限最大值；

$Y_{最小值1}$——平均受教育年限最小值；

$Y_{实际值2}$——预受教育年限实际值；

$Y_{最大值2}$——预受教育年限最大值；

$Y_{最小值2}$——预受教育年限最小值；

$J_{最大值}$——综合教育指数最大值；

$J_{最小值}$——综合教育指数最小值；

$R_{实际值}$——人均国民收入实际值：

$R_{最大值}$——人均国民收入最大值：

$R_{最小值}$——人均国民收入最小值。

$R_{实际值}$、$R_{最大值}$、$R_{最小值}$，经 PPP 调整，以美元表示。

第二步：将这些指数合成即为人类发展指数。公式如下：

$$HDI_i = (I_{寿命} \cdot I_{教育} \cdot I_{收入})^{1/3} \tag{7-7}$$

而与人类发展指数相关的维度指标，恰好又是基本与人类福祉要素（诸如健康、维持高质量生活的基本物质条件、安全、良好的社会关系等）相吻合，而这些要素与森林生态系统服务功能密切相关，在经济学统计中，这些要素对应的恰恰又是居民消费的一部分。总的来说，人类发展指数是一个计算比较容易，计算方法简单，可以用比较容易获得的数据就可以计算的参数，且适用于不同的社会群体。HDI 也可以作为社会进步程度及社会发展程度的重要反映指标。

**2. 人类发展指数的维度指标与福祉要素的关系**

人类发展指数的 3 个维度是健康长寿、知识的获取以及生活水平，福祉要素主要包括安全保障、维持高质量生活所需要的基本物质条件、选择与行动的自由、健康以及良好的社会关系等。显然，人类发展指数与人类幸福度（福祉要素）具有密切的关系，如健康长寿与健康和安全保障、知识的获取与良好的社会关系和选择行动的自由、生活水平与维持高质量生活所需要的基本物质条件等，均具有对应的关系。正如人们所经历和所意识到的那样，福祉要素与周围的环境密切相关，并且可以客观地反映出当地的地理、文化与生态状况等，通过人类发展基本消费指数（NHDI）体现居民消费中的食品类支出、医疗保健类支出和文教娱乐用品及服务类支出在其中的所占份额，从而体现居民物质生活的幸福度水平。

## 3. 生态系统服务功能与人类福祉的关系

生态系统与人类福祉的关系如图7-10所示。主要表现：一方面，持续变化的人类状况可以直接或间接地驱动生态系统发生变化；另一方面，生态系统的变化又可以导致人类的福祉状况发生改变。同时，许多与环境无关的其他因素也可以改变人类的福祉状况，而且诸多自然驱动力也在持续不断地对生态系统产生影响。

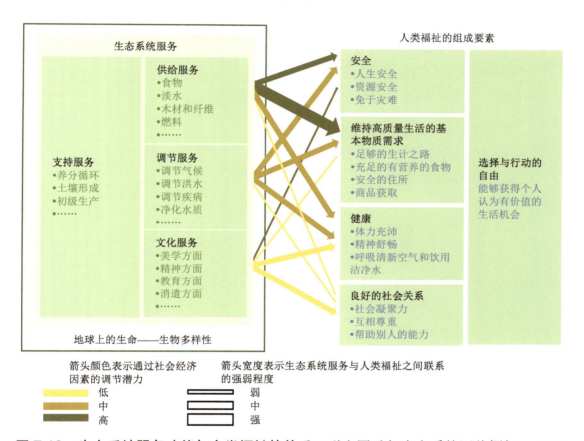

图7-10 生态系统服务功能与人类福祉的关系（联合国千年生态系统评估框架，2005）

## 4. 生态效益定量化补偿计算

通过分析人类发展指数的维度指标，将其与人类福祉要素有机地结合起来，而这些要素与生态系统服务功能密切相关。在认识三者之间关系的背景下，进一步提出了基于人类发展指数的森林生态效益多功能定量化补偿系数。具体方法和过程介绍如下：

该方法是基于人类发展指数，综合考虑各地区财政收入水平而提出的适合中国国情的市级森林生态系统多功能定量化补偿系数（MQC）。

$$MQC_i = NHDI_i \cdot FCI_i \tag{7-8}$$

式中：$MQC_i$——$i$市森林生态系统效益多功能定量化补偿系数，以下简称"补偿系数"；

$NHDI_i$——$i$市人类发展基本消费指数；

$FCI_i$——$i$ 市财政相对补偿能力指数。

其中,

$$NHDI_i = [(C_1 + C_2 + C_3) / GDP_i] \qquad (7-9)$$

式中:$C_1$——居民消费中食品类支出;

$C_2$——医疗保健类支出;

$C_3$——文教娱乐用品及服务类支出;

$GDP_i$——$i$ 市某一年国民生产总值。

$$FCI_i = G_i / G \qquad (7-10)$$

式中:$G_i$——$i$ 市财政收入;

$G$——全省财政收入。

所以公式可改写为:

$$MQC_i = [(C_2 + C_1 + C_3) / GDP_i] \cdot (G_i / G) \qquad (7-11)$$

由森林生态效益多功能定量化补偿系数可以进一步计算补偿总量及补偿额度,如公式所示:

$$TMQC_i = MQC_i \cdot V_i \qquad (7-12)$$

式中:$TMQC_i$——$i$ 市森林生态系统效益多功能定量化补偿总量,以下简称"补偿总量";

$V_i$——$i$ 市森林生态效益。

$$SMQC_i = TMQC_i / A_i \qquad (7-13)$$

式中:$SMQC_i$——$i$ 市森林生态系统效益多功能定量化补偿额度,以下简称"补偿额度";

$A_i$——$i$ 市森林面积。

由表 7-2 可以看出,黑河市地方国有林区国家重点公益林纳入中央森林生态效益补偿基金制度的补偿范围,补偿额度为每年每亩 5 元,属于一种政策性补偿。而根据人类发展指数计算的补偿额度为每年每亩 9.01 元(2018 年)高于政策性补偿。利用这种方法计算的生态效益定量化补偿系数是一个动态的补偿系数,不但与人类福祉的各要素相关,而且进一步考虑了省级财政的相对支付能力。以上数据说明,随着人们生活水平的不断提高,人们不再满足于高质量的物质生活,对于舒适环境的追求已成为一种趋势,而森林生态系统对舒适环境的贡献已形成共识。2018 年黑河市生产总值（GDP）为 505.10 亿元，如果黑河市每年投入约 4.54 亿元来进行森林生态效益补偿，将会极大地提高人类的幸福指数，这将更加有利于黑河市森林资源经营与管理。

表 7-2　黑河市生态定量化补偿情况

| 年份 | 政府支付意愿指数 | 补偿系数（%） | 补偿总量（亿元） | 补偿额度 | |
|---|---|---|---|---|---|
| | | | | 元/（公顷·年） | 元/（亩·年） |
| 2018 | 0.0089 | 0.15 | 4.54 | 135.08 | 9.01 |

为了能够更加科学合理地实现生态效益的补偿，本研究选择森林生态效益补偿分配系数来确定各县（市、区）所获得的补偿总量及补偿额度。森林生态效益补偿分配系数是指该地区森林生态效益与全市森林生态效益的比值，该系数表明，某一地区森林生态效益越高，那么相应地获得的补偿总量就越多，反之亦然。森林生态效益补偿分配系数的计算公式如下：

$$D_{ij}=V_{ij}/V_i \tag{7-14}$$

式中：$D_{ij}$——$i$ 市 $j$ 地区森林生态效益补偿分配系数；

$V_{ij}$——$i$ 市 $j$ 地区森林生态效益；

$V_i$——$i$ 市森林生态效益。

根据黑河市森林生态效益定量化补偿额度计算出各县（市、区）森林生态效益定量化补偿额度（表 7-3）。2018 年黑河市各县（市、区）生态效益分配系数介于 0.80%～31.75% 之间，最高的为逊克县，其次是爱辉区和嫩江市。补偿总量的变化趋势与补偿系数的变化趋势一致，均与各县（市、区）森林生态效益价值量成正比。

表 7-3　黑河市各县（市、区）生态效益定量化补偿情况

| 县（市、区） | 生态效益（亿元/年） | 分配系数（%） | 补偿总量（亿元） | 补偿额度 | |
|---|---|---|---|---|---|
| | | | | 元/（公顷·年） | 元/（亩·年） |
| 逊克县 | 944.69 | 31.75 | 1.44 | 121.68 | 8.11 |
| 爱辉区 | 926.20 | 31.13 | 1.41 | 145.84 | 9.72 |
| 嫩江市 | 478.44 | 16.08 | 0.73 | 146.23 | 9.75 |
| 五大连池市 | 213.00 | 7.16 | 0.33 | 134.18 | 8.95 |
| 孙吴县 | 205.73 | 6.91 | 0.31 | 138.53 | 9.24 |
| 北安市 | 183.54 | 6.17 | 0.28 | 130.29 | 8.69 |
| 五大连池风景区 | 23.89 | 0.80 | 0.04 | 141.89 | 9.46 |

依据森林生态效益量化补偿系数，得出主要优势树种（组）所获得的分配系数，补偿总量及补偿额度见表 7-4。各优势树种（组）生态效益分配系数介于 0.0004%～56.91% 之间，补偿额度在各树种（组）之间也有一定的差异，最高为其他树种，为 172.53 元/（公顷·年）；其次为柞树，为 143.06 元/（公顷·年）；最低为经济林，为 5.08 元/（公顷·年），分配系数与各优势树种（组）的生态效益呈正相关性。补偿总量的变化趋势与补偿系数的变化趋势一致，均与各优势树种（组）的森林生态效益价值量成正比。

表 7-4 黑河市主要优势树种（组）生态效益定量化补偿情况

| 树种（组） | 生态效益（亿元/年） | 分配系数（%） | 补偿总量（亿元） | 补偿额度 | |
|---|---|---|---|---|---|
| | | | | 元/（公顷·年） | 元/（亩·年） |
| 桦木 | 1686.07 | 56.91 | 2.58 | 141.13 | 9.41 |
| 柞树 | 781.07 | 26.36 | 1.19 | 143.06 | 9.54 |
| 落叶松 | 273.97 | 9.24 | 0.41 | 104.41 | 6.96 |
| 杨树 | 90.72 | 3.06 | 0.13 | 120.95 | 8.06 |
| 冷杉 | 42.82 | 1.44 | 0.06 | 129.08 | 8.61 |
| 云杉 | 30.02 | 1.01 | 0.04 | 98.15 | 6.54 |
| 椴树 | 21.42 | 0.72 | 0.03 | 116.80 | 7.79 |
| 其他树种 | 10.49 | 0.33 | 0.01 | 172.53 | 11.50 |
| 樟子松 | 10.05 | 0.33 | 0.01 | 77.69 | 5.18 |
| 红松 | 9.02 | 0.30 | 0.01 | 132.47 | 8.83 |
| 榆树 | 3.11 | 0.10 | 0.004 | 93.75 | 6.25 |
| 柳树组 | 1.80 | 0.06 | 0.002 | 105.26 | 7.02 |
| 水胡黄 | 1.46 | 0.04 | 0.001 | 87.64 | 5.84 |
| 阔叶混 | 0.57 | 0.02 | 0.0009 | 107.25 | 7.15 |
| 经济林 | 0.03 | 0.07 | 0.003 | 76.16 | 5.08 |
| 灌木林 | 0.0009 | 0.0004 | 0.000018 | 79.06 | 5.27 |

## 二、湿地生态系统生态效益补偿研究

湿地生态补偿机制是实现湿地生态资源保护，促进人类与自然和谐发展为目标，是一种旨在平衡湿地保护与开发之间各方利益的公共制度，包含两个方面的内容：①针对湿地生态补偿的原则、利益相关者、补偿标准、补偿方式、补偿模式等方面的政策安排；②对因湿地保护而蒙受损失的利益相关方给予补偿的方式、补偿标准的具体执行与操作。同时，通过一系列法律、管理制度来保障湿地生态补偿体系的建立与实施，使其具备一定的可操作性与法律效力。

自改革开放以来，由于黑河市社会经济迅猛发展、人口数量急剧增多，再加上人类长期以来对湿地资源功能认识的片面性，大面积湿地被转化为工业、农业和建筑用地，导致黑河市的湿地面临着萎缩、开发利用不合理、水土流失严重等问题，大面积的湿地已经开始退化，局部地区的湿地甚至已经消失。湿地资源的保护引起广泛的关注，而湿地生态补偿机制的构建和实施成为湿地保护的一种有效途径。科学合理地对湿地生态效益进行量化补偿，可以为黑河市湿地的有效保护和合理利用提供科学支撑，使全市湿地资源得到可持续发展。黑河市湿地领域的工作重点是稳步推进退耕还湿，积极争取将黑河市重要湿地、湿地自然保护区、退耕还河、退耕还湖、湿地公园及周边等纳入国家、省政策扶持范围。

在湿地生态补偿的管理对策上提出以下几点建议：①健全湿地生态补偿的法律制度，将湿地生态补偿工作从被动变为主动；②加强湿地生态补偿的资源管理制度，建立湿地权属制度，实现资源配置最优化；③强化湿地生态补偿的协作制度，中央和地方政府、政府和相关部门之间联合、协作、沟通，更有利于湿地补偿工作的顺利实施；④建立湿地生态补偿的监督管理制度，保证补偿工作的公正性和有效性；⑤建立湿地生态补偿的生态福利绩效考核制度，保证地方政府对于湿地保护工作的积极性；⑥建立湿地生态补偿的公众参与制度，通过全民参与的保护方式，使社会公众与湿地融洽相处，是保护湿地的重要途径。

### 三、草地生态系统生态效益补偿研究

黑河市草地主要集中在北部和东南部地区，是大小兴安岭山区向松嫩平原的过渡带，属于山地丘陵草地地区，这一区域气候寒冷干燥、水土流失严重。这一区域草地生态系统在承载、调节乃至生态安全维护方面发挥着重要的作用。因此，黑河市开展了诸多草地生态保护工作，主要有落实草地禁牧制度、退化草地生态保护修复及草地生态保护补助奖励政策等。

2011年，国务院出台《关于促进牧区又好又快发展的若干意见》，落实草地生态保护补助奖励机制，明确内蒙古、新疆、西藏、青海、四川、甘肃、宁夏、云南等主要草地牧区省份，自2011年起开始享受中央财政补贴。依据财政部、农业部共同制定的《中央财政草地生态保护补助奖励资金管理暂行办法补奖政策》第九条规定，禁牧补助的测算标准为平均每年每亩6元，草畜平衡奖励补助的测算标准为平均每年每亩1.5元，牧民生产资料综合补贴标准为每年每户500元，牧草良种补贴标准为平均每年每亩10元。农业部、财政部共同制定了《新一轮草地生态保护补助奖励政策实施指导意见（2016—2020年）》，规定了中央财政按照每年每亩7.5元的测算标准给予禁牧补助；对履行草畜平衡义务的牧民按照每年每亩2.5元的测算标准给予草畜平衡奖励。

黑河市尚未实施草地补偿制度，今后将积极争取国家、省草地生态补偿政策，做好草地生态保护工作。一是要按照权属明确、管理规范、承包到户的要求，积极稳妥推进草地确权和承包工作。依法确定草地权属，实行草地承包到户，形成生态效益与农民经济效益的有机结合，极大地调动地方政府和农民的积极性，吸引畜牧养殖企业和大户积极介入，注入资

金，实现草地管、建、用有机结合和良性发展；二是探索市场化生态补偿模式，加快建立草地使用权出让、转让和租赁的交易机制，运用市场机制降低生态保护成本，引导鼓励草地保护者和受益者之间通过协商实现合理的生态补偿。

在草地生态补偿对策上提出以下几点建议：①健全黑河市草地生态补偿机制法律系统，使草地生态补偿有法可依，细化草地承包经营权的权利内容与生态补偿奖励制度内容，增加违法放牧处罚条款、提高毁坏禁牧、休牧标志和围栏等设施的罚款数额；②构建多样化草地生态补偿模式，提高草地生态补偿标准，构建草地碳汇贸易、草地生态补偿基金、草地生态补偿环境彩票制度，从而将企业、社会组织及公众纳入补偿主体范围缓解政府资金压力，草地生态补偿的方式也并不仅限于货币补偿，还可综合利用以大型机械设备、草种为主的实物补贴、以税收倾斜为主的政策扶持等多种途径来实现补偿；③完善草地承包经营法律制度，通过法规完善草地承包经营人所享有的权利内容，健全草地承包经营流转机制，以使草地行政主管部门明确工作原则、全面保障牧民权益。

## 第四节　生态 GDP 核算

党的十八大提出："把资源消耗、环境损害、生态效益纳入经济社会发展评价体系，建立体现生态文明要求的目标体系、考核办法、奖惩机制"，为推进生态文明建设，建设美丽中国指明了路径。树立"绿水青山就是金山银山"的理念，指出保护自然就是增值自然价值和自然资本的过程，就是保护和发展生产力。基于生态 GDP 核算的生态文明评价体系（简称生态 GDP 核算体系），是在资源环境经济核算体系（SEEA）整体框架基础上进一步设计的核算体系，不仅要与国家、地区的经济与环境政策一致，而且还需要考虑到生态文明对绿色低碳循环经济的要求、领导政绩考核改革、国民经济核算改革以及国家环境保护的政策导向等诸多因素。生态 GDP 核算依据《SEEA-2012 中心框架》和《SEEA 试验性生态系统核算》确定环境实物流量和价值流量账户核算内容和方法，同国民账户体系常规的经济账户联系起来，通过对资源消耗和环境污染损失的实物量和价值量核算，用环境成本对部门和地区的国内生产总值等指标进行调整，得出经环境污染损失调整的绿色 GDP；将自然资产和生态产品价值纳入国民经济核算体系中，对国内生产总值等指标进行调整，得出经环境损害和生态效益调整的生态 GDP（潘勇军，2018）。全面系统地反映自然资产、生态产品在国民经济中的作用和地位，客观反映自然资产、生态环境与国民经济运行主要指标的关系。引导建立正确的政绩观和领导考核制度，实现环境外部成本和生态效益内部化，最终建立基于生态 GDP 核算的资源消耗、环境损害、生态效益的生态文明绩效评价考核和责任追究制度，为推进生态文明建设和体制改革提供支撑（王兵，2015）。

生态GDP核算体系核算口径是在现行GDP的基础上减去环境损害和资源消耗价值，加上生态效益，将资源消耗、环境损害和生态效益价值纳入国民经济核算体系，对GDP总量指标进行调整，形成以生态GDP为总量指标的经济评价体系，其核算公式如下：

$$GDP_{生态} = GDP_{传统} - R - V + E \qquad (7-15)$$

式中：$GDP_{生态}$——当年生态GDP核算价值；

$GDP_{传统}$——当年国内生产总值；

$R$——当年资源耗减价值（主要是原油、煤炭、天然气矿产资源）；

$V$——当年环境损害价值（主要废水、废气和固体废弃物等损害价值）；

$E$——当年生态系统服务功能价值量。

## 一、资源消耗价值

2018年黑河市资源能源消费总量为237.25万吨标准煤，结合矿产资源恢复费用（雷明，2010；潘勇军，2013），核算出2018年黑河市因经济发展造成资源消耗价值达5.4亿元，占当年GDP的1.07%。

## 二、环境损害价值

从环境污染造成的生态损失、资产加速折旧损失、人体健康损失和环境污染虚拟治理成本4个方面对环境损害价值进行核算。

（1）环境污染造成的生态损失价值。将环境污染所造成的各类灾害所引起的直接经济损失作为环境污染对生态环境的损失价值，根据相关资料统计，得到黑河市2018年环境损失价值为0.02亿元。

（2）资产加速折旧损失价值。由于环境污染对各类机器、仪器、厂房及其他公共建筑和设施等固定资产造成损失，各类污染物会对固定资产产生腐蚀等不利作用，加速固定资产折旧，使用寿命缩短、维修费用开支增加等，利用市场价值法以及潘勇军（2013）的核算方法估算了污染造成的固定资产损失价值，得到2018年全市资产加速折旧损失价值为0.23亿元。

（3）人体健康损失费用。环境污染对人体健康造成的损失是一个极其复杂的问题。环境污染对人体健康的影响主要表现为呼吸系统疾病、恶性肿瘤和地方性氟和砷（污染）中毒造成的疾病，参照潘勇军（2013）的研究方法及根据相关统计资料中相关数据，仅考虑环境污染造成的医疗费用增加和直接劳动力损失进行人体健康损失费用核算，得到2018年全市环境污染致人体健康损失费用为4.34亿元。

（4）环境污染虚拟治理成本。对环境质量的损害主要是由于经济活动中各项废弃物的

表7-5 黑河市各县（市、区）生态GDP核算账户

| 县（市、区） | 传统GDP | | 环境损害（亿元） | | | | 绿色GDP | | 森林生态效益（亿元） | 湿地生态效益（亿元） | 草地生态效益（亿元） | 生态GDP | |
|---|---|---|---|---|---|---|---|---|---|---|---|---|---|
| | 量值（亿元） | 排序 | 资源消耗（亿元） | 环境污染造成的生态损失 | 资产加速折旧损失 | 人体健康损失 | 环境污染虚拟治理成本 | 量值 | 排序 | | | | 量值（亿元） | 排序 |
| 逊克县 | 30.50 | 4 | 0.33 | 0.00 | 0.02 | 0.26 | 0.01 | 29.88 | 5 | 944.69 | 453.74 | 18.05 | 1446.36 | 1 |
| 爱辉区 | 27.80 | 5 | 0.30 | 0.00 | 0.02 | 0.51 | 0.03 | 26.94 | 4 | 926.2 | 339.88 | 28.84 | 1321.86 | 2 |
| 嫩江市 | 209.38 | 1 | 2.24 | 0.01 | 0.08 | 1.27 | 0.07 | 205.71 | 1 | 478.44 | 196.15 | 27.24 | 907.54 | 3 |
| 五大连池市 | 86.20 | 3 | 0.92 | 0.00 | 0.02 | 0.76 | 0.05 | 84.45 | 3 | 213 | 142.66 | 13.33 | 453.44 | 4 |
| 北安市 | 116.50 | 2 | 1.25 | 0.01 | 0.07 | 1.14 | 0.06 | 113.97 | 2 | 183.54 | 147.65 | 7.56 | 452.72 | 5 |
| 孙吴县 | 16.80 | 6 | 0.18 | 0.00 | 0.01 | 0.25 | 0.01 | 16.35 | 6 | 205.73 | 64.38 | 4.35 | 290.81 | 6 |
| 五大连池风景区 | 6.51 | 7 | 0.07 | 0.00 | 0.01 | 0.15 | 0.01 | 6.27 | 7 | 23.89 | 13.78 | 1.11 | 45.05 | 7 |

注：表中森林生态效益是林木产品供给功能和森林康养功能未分配到各市县区。

排放没有全部达到排放标准，应该经过治理而没有治理，对环境造成污染，使环境质量下降所带来的环境资产价值损失。根据相关资料的污染物数据，结合污染物的治理成本（雷明，2010；潘勇军，2013），计算得出 2018 年黑河市环境污染虚拟治理成本 0.24 亿元。

生态 GDP 核算体系中既包含了表征资源耗减和环境损害价值量对经济活动的负价值，也包含了生态系统的生态效益对经济活动的正价值，使生态 GDP 能真实地反映经济发展状况。对自然资源耗减和环境污染损害价值进行总计，并将它们作为生产成本从 GDP 中扣除，得出经环境调整的绿色 GDP，提供了核算期内经济发展对环境所付出的损害价值占 GDP 的 1.90%，拉低 GDP 增长率值。而将生态效益纳入其中后，最终计算得出，2018 年黑河市生态 GDP 为 4929.08 亿元，是当年传统 GDP 的 8.64 倍；其中，生态产品提供的生态效益在国民经济发展中起着举足轻重的作用，黑河市森林、湿地和草地生态系统所发挥的生态效益，大大抵消了由于资源消耗和环境损害造成的对于传统 GDP 的减少。利用生态 GDP 核算有助于将环境—经济因素纳入经济政策的核心。将生态 GDP 作为真实经济增长指标，并制定宏观经济政策和部门决策，来尽量提高生态 GDP 增长速度，其指标将促进经济的可持续发展和生态环境良好服务，利用生态 GDP 取代传统 GDP 指标来衡量区域经济发展，迫使决策者在选择促进经济增长的活动时，考虑资源、环境和生态的协调发展。

通过各县（市、区）生态 GDP 核算结果进行分析，生态 GDP 反映经济发展中环境资源问题，引起各县（市、区）对生态环境保护的重视，必须加强环境保护，提高资源的利用率、减少对环境污染、降低环境资源所扣除 GDP 增长率比例，将其环境成本内在化，真正地促进经济和环境的可持续发展。

黑河市各县（市、区）的经济发展和环境保护极不平衡，传统 GDP 的排序为嫩江市＞北安市＞五大连池市＞逊克县＞爱辉区＞孙吴县＞五大连池风景区，而生态 GDP 的排名为逊克县＞爱辉区＞嫩江市＞五大连池市＞北安市＞孙吴县＞五大连池风景区，比较传统 GDP 占生态 GDP 的比例可以看出，比值较高的县（市、区），在两种 GDP 的核算中排位变化较大，嫩江市、北安市和五大连池市作为黑河市经济发展的龙头，3 个县（市、区）传统 GDP 较高，且传统 GDP 与生态 GDP 的比值均在 20% 以上，在今后的发展中要注重经济发展与环境保护相协调，保护区域内的森林、湿地、草地生态系统，提升其生态产品的价值，推动可持续发展的进程（图 7-11、图 7-12）。逊克县、爱辉区生态 GDP 较传统 GDP 提升最多，为 30 倍以上，体现了逊克县、爱辉区注重生态环境的保护与生态产品价值的挖掘，以生态可持续性为目标，是黑河市的生态屏障。用生态 GDP 指标来衡量和评价能更好地反映国家和区域的可持续发展指标，充分根据地方特点，加强生态环境保护，突出生态地位作用。同时对部分县（市、区）加大技术支持力度，转变地方政府政绩考核观。

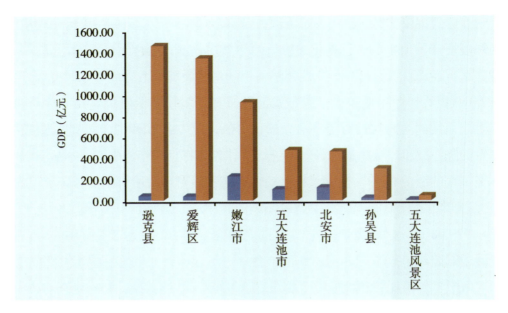

图 7-11　黑河市各县（市、区）生态 GDP、传统 GDP

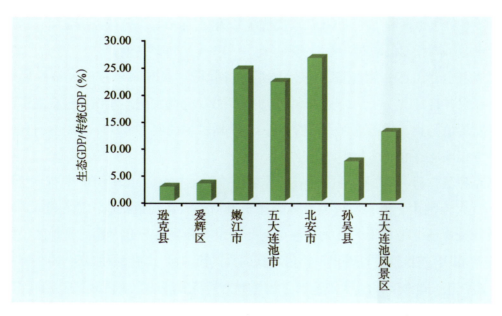

图 7-12　黑河市各县（市、区）生态 GDP 与传统 GDP 关系

生态 GDP 指标评价有利于经济发达地区，在发展经济的同时，加强生态环境建设，提高生态系统生态效益，对经济不发达但生态环境良好的地区更有利，突出了生态产品价值的实现，有利于生态环境保护。如逊克县、爱辉区、孙吴县和五大连池风景区的生态产品价值使得该地区的生态 GDP 比传统 GDP 指标提升了 7 倍以上，增加了区域地方政府的经济发展和保护环境的决心，从大局考虑，保护好当地生态环境，为全市社会、经济、生态可持续发展提供保障。

森林、湿地和草地生态系统是重要的自然资源，是人类生存发展的重要生态保障。国家通过启动生态红线保护行动，运用法律手段和其他有力措施，遏制生态环境继续恶化的趋势，为维护国家和区域生态安全及经济社会可持续发展预留充足的生态空间、环境容量和资源储备，从而保障人类和自然生态系统的健康。对森林、湿地和草地自然生态系统采取严格的保护和修复措施，确保能够充分实现生态产品的价值，提供重要的生态安全屏障，建设"天蓝、山青、水绿"的美丽黑河。

## 第五节　森林资源资产负债表编制研究

> 自然资源资产负债表是指用资产负债表的方法，将全国或一个地区的所有自然资源资产进行分类加总而形成的报表，核算自然资源资产的存量及其变动情况，以全面记录当期（期末—期初）自然和各经济主体对生态资产的占有、使用、消耗、恢复和增值活动，评估当期生态资产实物量和价值量的变化。

"探索编制自然资源资产负债表，对领导干部实行自然资源资产离任审计，建立生态环境损害责任终身追究制"是十八届三中全会做出的重大决定，也是国家健全自然资源资产管理制度的重要内容。2015年中共中央、国务院印发了《生态文明体制改革总体方案》，与此同时强调生态文明体制改革工作以"1+6"方式推进，其中包括领导干部自然资源资产离任审计的试点方案和编制自然资源资产负债表试点方案。2016年12月，《"十三五"国家信息化规划》提出实施自然资源监测监管信息工程，建立全天候的自然资源监测技术体系，构建面向多资源的立体监控系统，在2018年基本建成自然资源和生态环境动态监测网络和监管体系。2020年，中共中央办公厅、国务院办公厅印发了《关于全面推行林长制的意见》，要求各地区各部门结合实际认真贯彻落实。林长制是以严格保护管理森林等资源、维护生态系统稳定为目标，以强化各级领导干部属地管理责任为核心，构建属地负责、党政同责、部门协同、全域覆盖、源头治理的保护发展森林等资源的长效机制。在全国全面推行林长制，是继推行河长制、湖长制之后，进一步统筹山水林田湖草系统治理的重大举措，事关人民群众的生态福祉，事关长远发展和子孙后代的根本利益。

由于我国自然资源资产负债表的编制尚处于探讨阶段，因此参考、借鉴国际上的先进理论和经验就显得十分必要。当前，国际上关于自然资源核算最为前沿的理论体系当属《环境经济核算体系中心框架（2012）》（以下简称《SEEA2012》），由联合国、欧洲联盟委员会、联合国粮农组织、国际货币基金组织、经济合作与发展组织、世界银行集团于2014年共同发布，是首个环境经济核算体系的国际统计标准。《SEEA2012》由一整套综合表格和账户构成，提供了国际公认的环境经济核算的概念、理论与基本操作方式。考虑到自然资源资产负债表编制的国际趋同原则，本研究从 SEEA 框架的思路入手，尝试编制黑河市自然资源资产负债表。

研发自然资源资产负债表并探索其实际应用，无疑是国家加快建立生态文明制度，健全资源节约利用、生态环境保护体制，建设美丽中国的根本战略需求。自然资源资产负债表是用国家资产负债表的方法，将全国或一个地区的所有自然资源资产进行分类加总形成报表，显示某一时间点上自然资源资产的"家底"，反映出一定时期内区域资源现状和资源开发利用程度，准确把握经济主体对自然资源资产的占有、使用、消耗、恢复和增值活动情况，为上级单位自然资源的监控提供基础资料。对于自然资源资产离任审计来说，自然资源资产负债表明确了领导干部相应的责任和权利，增强了政府对自然资源的财务透明度，使得人民群众能够及时掌握政府的经济效率和效益，全面反映经济发展的资源消耗、环境代价和生态效益，从而为环境与发展综合决策、政府生态环境绩效评估考核、生态环境补偿等提供重要依据。探索编制黑河市自然资源资产负债表，是深化黑河市生态文明体制改革，推进生态文明建设的重要举措。对于研究如何依托黑河市丰富的自然资源，实施绿色发展战略，建立生态环境损害责任终身追究制，进行领导干部考核和落实十八届三中全会精神，以及解决绿色经济发展和可持续发展之间的矛盾等具有十分重要的意义。目前，国内森林资源负债表的编制方法较为成熟，本研究主要针对森林资源负债表的编制。

### 一、账户设置

结合相关财务软件管理系统，以国有林场与苗圃财务会计制度所设定的会计科目为依据，建立三个账户：①一般资产账户，用于核算黑河市林业正常财务收支情况；②森林资源资产账户，用于核算黑河市森林资源资产的林木资产、林地资产、非培育资产；③森林生态系统服务功能账户，用来核算黑河市森林生态系统服务功能，包括：保育土壤、林木养分固持、涵养水源、固碳释氧、净化大气环境、森林防护、生物多样性保护、林木产品供给和森林康养等生态系统服务功能。

### 二、森林资源资产账户编制

联合国粮农组织林业司编制的《林业的环境经济核算账户——跨部门政策分析工具指南》指出森林资源核算内容包括林地和林木资产核算、林产品和服务的流量核算、森林环境服务核算和森林资源管理支出核算。而我国的森林生态系统核算内容一般包括：林木、林地、林副产品和森林生态系统服务。因此，参考 FAO 林业环境经济核算账户和我国国民经济核算附属表的有关内容，本研究确定的黑河市森林资源核算评估的内容主要为林地、林木、林副产品。

### 1. 林地资产核算

林地是森林的载体，是森林物质生产和生态服务的源泉，是森林资源资产的重要组成部分，完成林地资产核算和账户编制是森林资源资产负债表的基础。本研究中林地资源的价值量估算主要采用年本金资本化法。其计算公式：

$$E = A/P \qquad (7\text{-}16)$$

式中：$E$——林地评估值；

$A$——年平均地租；

$P$——利率。

本研究确定林地价格时，生长非经济树种的林地地租为 22.60 元/（亩·年），生长经济树种的林地地租为 35.00 元/（亩·年），利率按 6% 计算（杨国亭，2016）。根据相关公式可得，2018 年黑河市生长非经济树种林地（含灌木林）的价值量为 270.38 亿元，生长经济树种林地的价值量为 0.37 亿元，林地总价值量为 270.75 亿元，估算黑河市林地价值见表 7-6。

表 7-6  林地价值评估

| 林地类型 | 平均地租<br>[元/（亩·年）] | 利率<br>(%) | 林地价格<br>(元/公顷) | 面积<br>(公顷) | 价值<br>(亿元) |
|---|---|---|---|---|---|
| 非经济树种林地<br>（含灌木林） | 22.60 | 6 | 5650.00 | 4785459.96 | 270.38 |
| 经济树种林地 | 35.00 | 6 | 8750.00 | 4172.72 | 0.37 |
| 合计 | — | — | — | 4789632.68 | 270.75 |

### 2. 林木资产核算

林木资源是重要的环境资源，可为建筑和造纸、家具及其他产品生产提供投入，是重要的燃料来源和碳汇集地。编制林木资源资产账户，可将其作为计量工具提供信息，评估和管理林木资源变化及其提供的服务。

（1）幼龄林、灌木林等林木价值量采用重置成本法核算。其计算公式如下：

$$E_n = k \cdot \sum_{i=1}^{n} C_i \cdot (1+P)^{n-i+1} \qquad (7\text{-}17)$$

式中：$E_n$——林木资产评估值（元/公顷）；

$k$——林分质量调整系数；

$C_i$——第 $i$ 年以现时工价及生产水平为标准计算的生产成本，主要包括各年投入的工资、物质消耗等（元）；

$n$——林分年龄；

$P$——利率（%）。

(2) 中龄林、近熟林林木价值量采用收获现值法计算。其计算公式如下：

$$E_n = K \cdot \frac{A_u + D_a(1+P)^{u-a} + D_b(1+P)^{u-b} + \cdots}{(1+P)^{u-n}} - \sum_{i=n}^{u} \frac{C_i}{(1+P)^{i-n+1}} \quad (7\text{-}18)$$

式中：$E_n$——林木资产评估值（元/公顷）；

$K$——林分质量调整系数；

$A_u$——标准林分 $u$ 年主伐时的纯收入（元）；

$D_a$、$D_b$——标准林分第 $a$、$b$ 年的间伐纯收入（元）；

$C_i$——第 $i$ 年的营林成本（元）；

$u$——森林经营类型的主伐年龄；

$n$——林分年龄；

$p$——利率（%）。

(3) 成熟林、过熟林林木价值量采用市场价格倒算法计算。其计算公式如下：

$$E_n = W - C - F \quad (7\text{-}19)$$

式中：$E_n$——林木资产评估值（元/公顷）；

$W$——销售总收入（元）；

$C$——木材生产经营成本（包括采运成本、销售费用、管理费用、财务费用及有关税费）（元）；

$F$——木材生产经营合理利润（元）。

本研究中，林木资产价值核算未包含经济林林木资产的价值，经济林的价值体现到林地价值和林产品价值中。参照王骁骁（2016）的计算方法，$K$ 取 1，$C$ 第一年取 470 元/亩，第二年 220 元/亩，第三年 190 元/亩，第四年 40 元/亩，$P$ 取 0.06，根据公式（7-16）计算得到单位面积幼龄林和灌木林的平均重置成本为 1111.27 元/公顷，与幼龄林、灌木林面积相乘得到两类林木的资产价值。因为缺少林木资源生长过程表或收获表等计算必要数据，本研究将采用市场价格倒算法对中龄林、近熟林资源价值进行评估，成熟林和过熟林采用市场价格倒算法进行评估，根据凌笋（2019）的研究，得到 $W$ 为 709.91 元/立方米，$C$ 为 156.82 元/立方米，$F$ 为 15.45 元/立方米，单位蓄积量林木资产评估价值为 537.65 元/立方米，结合中龄林、近熟林、成熟林和过熟林的蓄积量数据得到林木资产评估的价值（表 7-7）。

第七章　黑河市生态空间生态产品综合分析

表 7-7　林木资源资产价值估算

| 林分类型 | 林龄组 | 面积（万公顷） | 蓄积量（万立方米） | 资产评估价值（亿元） |
|---|---|---|---|---|
| 乔木林（不含经济林种） | 幼龄林 | 147.65 | 13179.70 | 16.41 |
| | 中龄林 | 128.86 | 7700.73 | 414.02 |
| | 近熟林 | 42.42 | 3185.55 | 171.27 |
| | 成熟林 | 13.89 | 1151.49 | 61.91 |
| | 过熟龄 | 3.41 | 349.09 | 18.77 |
| 灌木林 | — | <0.01 | — | <0.01 |
| 合计 | — | 336.22 | — | 682.38 |

### 3. 林产品核算

林产品指从森林中，通过人工种植和养殖或自然生长的动植物上所获得的植物根、茎、叶、干、果实、苗木、种子等可以在市场上流通买卖的产品，主要分为木质产品和非木质产品。其中，非木质产品是指以森林资源为核心的生物种群中获得的能满足人类生存或生产需要的产品和服务。包括植物类产品、动物类产品和服务类产品，如野果、药材、蜂蜜等。

林产品价值量评估主要采用市场价值法，在实际核算森林产品价值时，可按林产品种类分别估算。评估公式：某林产品价值＝产品单价×该产品产量。根据中国林业信息网和黑龙江省统计年鉴中的数据，黑河市林产品包括木材、水果、干果、中药材、食品等，参照这些林产业的产值，从而可以得出林产品的价值量57.91亿元（表7-8）。

表 7-8　黑河市森林资源价值量评估统计

| 森林资源 | 价值（亿元） | 占比（%） |
|---|---|---|
| 林地资源 | 270.75 | 26.78 |
| 林木资源 | 682.38 | 67.49 |
| 林产品 | 57.91 | 5.73 |
| 合计 | 1101.04 | 100.00 |

## 三、黑河市森林资源资产负债表

结合上述计算方法以及黑河市森林生态产品价值量核算结果，编制出2018年森林资源资产负债表（综合资产负债表），见表7-9。

表 7-9　黑河市森林资源资产负债表（综合资产负债表）

单位：亿元

| 资产 | 行次 | 期初数 | 期末数 | 负债及所有者权益 | 行次 | 期初数 | 期末数 |
|---|---|---|---|---|---|---|---|
| 流动资产： | | | | 流动负债： | | | |
| 货币资金 | 1 | | | 短期借款 | 100 | | |
| 短期投资 | 2 | | | 应付票据 | 101 | | |
| 应收票据 | 3 | | | 应收账款 | 102 | | |
| 应收账款 | 4 | | | 预收款项 | 103 | | |
| 减：坏账准备 | 5 | | | 育林基金 | 104 | | |
| 应收账款净额 | 6 | | | 拨入事业费 | 105 | | |
| 预付款项 | 7 | | | 专项应付款 | 106 | | |
| 应收补贴款 | 8 | | | 其他应付款 | 107 | | |
| 其他应收款 | 9 | | | 应付工资 | 108 | | |
| 存货 | 10 | | | 应付福利费 | 109 | | |
| 待摊费用 | 11 | | | 未交税金 | 110 | | |
| 待处理流动资产净损失 | 12 | | | 其他应交款 | 111 | | |
| 一年内到期的长期债券投资 | 13 | | | 预提费用 | 112 | | |
| 其他流动资产 | 14 | | | 一年内到期的长期负债 | 113 | | |
| | 15 | | | 国家投入 | 114 | | |
| | 16 | | | 育林基金 | 115 | | |
| 流动资产合计 | 17 | | | 其他流动负债 | 116 | | |
| | 18 | | | 应付林木损失费用 | 117 | | |
| 营林、事业费支出： | 19 | | | | 118 | | |

(续)

| 资产 | 行次 | 期初数 | 期末数 | 负债及所有者权益 | 行次 | 期初数 | 期末数 |
|---|---|---|---|---|---|---|---|
| 营林成本 | 20 | | | | 119 | | |
| 事业费支出 | 21 | | | 流动负债合计 | 120 | | |
| 营林、事业费支出合计 | 22 | | | 应付森源资本: | 121 | | |
| 森源资产: | 23 | | | 应付森源资本款 | 122 | | |
| 森源资产 | 24 | 1101.04 | | 应付林木资本款 | 123 | | |
| 林木资产 | 25 | 682.38 | | 应付林地资本款 | 124 | | |
| 林地资产 | 26 | 270.75 | | 应付湿地资本款 | 125 | | |
| 林产品资产 | 27 | 57.91 | | 应付培育资本款 | 126 | | |
| 培育资产 | 28 | | | 应付生态资本: | 127 | | |
| 应朴森源资产: | 29 | | | 应付生态资本 | 128 | | |
| 应朴森源资产款 | 30 | | | 保育土壤 | 129 | | |
| 应朴林木资产款 | 31 | | | 林木养分固持 | 130 | | |
| 应朴林地资产款 | 32 | | | 涵养水源 | 131 | | |
| 应朴湿地资产款 | 33 | | | 固碳释氧 | 132 | | |
| 应朴非培育资产款 | 34 | | | 净化大气环境 | 133 | | |
| 生量林木资产: | 35 | | | 森林防护 | 134 | | |
| 生量林木资产 | 36 | | | 生物多样性保护 | 135 | | |
| 应朴生态资产: | 37 | | | 林木产品供给 | 136 | | |
| 应朴生态资产 | 38 | | | 森林康养 | 137 | | |
| 保育土壤 | 39 | | | 其他生态服务功能 | 138 | | |
| 林木养分固持 | 40 | | | 长期负债: | 139 | | |
| | | | | 长期借款 | | | |

(续)

| 资产 | 行次 | 期初数 | 期末数 | 负债及所有者权益 | 行次 | 期初数 | 期末数 |
|---|---|---|---|---|---|---|---|
| 涵养水源 | 41 | | | 应付债券 | 140 | | |
| 固碳释氧 | 42 | | | 长期应付款 | 141 | | |
| 净化大气环境 | 43 | | | 其他长期负债 | 142 | | |
| 森林防护 | 44 | | | 其中：住房周转金 | 143 | | |
| 生物多样性保护 | 45 | | | 长期发债合计 | 144 | | |
| 林木产品供给 | 46 | | | 负债合计 | 145 | | |
| 森林康养 | 47 | | | 所有者权益： | 146 | | |
| 其他生态服务功能 | 48 | | | 实收资本 | 147 | | |
| 生态交易资产： | 49 | | | 资本公积 | 148 | | |
| 生态交易资产 | 50 | | | 盈余公积 | 149 | | |
| 保育土壤 | 51 | | | 其中：公益金 | 150 | | |
| 林木养分固持 | 52 | | | 未分配利润 | 151 | | |
| 涵养水源 | 53 | | | 生量木资本 | 152 | | |
| 固碳释氧 | 54 | | | 生态资本 | 153 | 3006.09 | |
| 净化大气环境 | 55 | | | 保育土壤 | 154 | 507.98 | |
| 森林防护 | 56 | | | 林木养分固持 | 155 | 136.27 | |
| 生物多样性保护 | 57 | | | 涵养水源 | 156 | 866.42 | |
| 林木产品供给 | 58 | | | 固碳释氧 | 157 | 519.15 | |
| 森林康养 | 59 | | | 净化大气环境 | 158 | 374.80 | |
| 其他生态服务功能 | 60 | | | 森林防护 | 159 | 12.87 | |
| 生态资产： | 61 | | | 生物多样性保护 | 160 | 558.00 | |

(续)

| 资产 | 行次 | 期初数 | 期末数 | 负债及所有者权益 | 行次 | 期初数 | 期末数 |
|---|---|---|---|---|---|---|---|
| 生态资产 | 62 | 3006.09 | | 林木产品供给 | 161 | 9.68 | |
| 保育土壤 | 63 | 507.98 | | 森林康养 | 162 | 20.92 | |
| 林木养分固持 | 64 | 136.27 | | 其他生态服务功能 | 163 | | |
| 涵养水源 | 65 | 866.42 | | 森源资本 | 164 | 1101.04 | |
| 固碳释氧 | 66 | 519.15 | | 林木资本 | 165 | 682.38 | |
| 净化大气环境 | 67 | 374.80 | | 林地资本 | 166 | 270.75 | |
| 森林防护 | 68 | 12.87 | | 林产品资本 | 167 | 57.91 | |
| 生物多样性保护 | 69 | 558.00 | | 非培育资本 | 168 | | |
| 林木产品供给 | 70 | 9.68 | | 生态交易资本 | 169 | | |
| 森林康养 | 71 | 20.92 | | 保育土壤 | 170 | | |
| 其他生态服务功能 | 72 | | | 林木养分固持 | 171 | | |
| **生量生态资产：** | 73 | | | 涵养水源 | 172 | | |
| 生量生态资产 | 74 | | | 固碳释氧 | 173 | | |
| 保育土壤 | 75 | | | 净化大气环境 | 174 | | |
| 林木养分固持 | 76 | | | 森林防护 | 175 | | |
| 涵养水源 | 77 | | | 生物多样性保护 | 176 | | |
| 固碳释氧 | 78 | | | 林木产品供给 | 177 | | |
| 净化大气环境 | 79 | | | 森林康养 | 178 | | |
| 森林防护 | 80 | | | 其他生态服务功能 | 179 | | |
| 生物多样性保护 | 81 | | | 生量生态资本 | 180 | | |
| 林木产品供给 | 82 | | | 保育土壤 | 181 | | |

（续）

| 资产 | 行次 | 期初数 | 期末数 | 负债及所有者权益 | 行次 | 期初数 | 期末数 |
| --- | --- | --- | --- | --- | --- | --- | --- |
| 森林康养 | 83 | | | 林木养分固持 | 182 | | |
| 其他生态服务功能 | 84 | | | 涵养水源 | 183 | | |
| 长期投资： | 85 | | | 固碳释氧 | 184 | | |
| 长期投资 | 86 | | | 净化大气环境 | 185 | | |
| 固定资产： | 87 | | | 森林防护 | 186 | | |
| 固定资产原价 | 88 | | | 生物多样性保护 | 187 | | |
| 减：累积折旧 | 89 | | | 林木产品供给 | 188 | | |
| 固定资产净值 | 90 | | | 森林康养 | 189 | | |
| 固定资产清理 | 91 | | | 其他生态服务功能 | 190 | | |
| 在建工程 | 92 | | | | 191 | | |
| 待处理固定资产净损失 | 93 | | | | 192 | | |
| 固定资产合计 | 94 | | | | 193 | | |
| 无形资产及递延资产： | 95 | | | | 194 | | |
| 递延资产 | 96 | | | | 195 | | |
| 无形资产 | 97 | | | | 196 | | |
| 无形资产及递延资产合计 | 98 | | | 所有者权益合计 | 197 | | |
| 资产总计 | 99 | 4107.03 | | 负债及所有者权益总计 | 198 | 4107.03 | |

## 第六节　生态产品价值化实现路径设计

### 一、生态产品概念的提出与发展

生态产品可以看作是生态系统服务的中国升级版，在 2010 年印发的《全国主体功能区规划》中首次提出，被定义为"维系生态安全、保障生态调节功能、提供良好人居环境的自然要素"，一方面基于国际上生态系统服务研究成果，以生态系统调节服务为主；另一方面从人类需求角度出发，将清新空气、清洁水源等人居环境纳入其中，对比生态系统服务来说是一个巨大的提高。"产品"是作为商品提供给市场、被人们使用和消耗的物品，产品的生产目的就是通过交换转变成商品，商品是用来交换的劳动产品，产品进入交换阶段就成为商品。因此，我国提出生态产品概念的战略意图就是要把生态环境转化为可以交换消费的生态产品，充分利用我国改革开放后在经济建设方面取得的经验、人才、政策等基础，用搞活经济的方式，充分调动起社会各方开展环境治理和生态保护的积极性，让价值规律在生态产品的生产、流通与消费过程发挥作用，以发展经济的方式解决生态环境的外部不经济性问题。

生态产品是指生态系统的生物生产功能和人类社会的生产劳动共同作用提供人类社会使用和消费的终端产品或服务，包括保障人居环境、维系生态安全、提供物质原料和精神文化服务等人类福祉或惠益，是与农产品和工业产品并列的，满足人类美好生活需求的生活必需品。生态产品的概念对比生态系统服务的概念，有三个特点：①将生态产品定义局限于终端的生态系统服务，阐明了生态产品与生态系统服务和纯粹的经济产品之间的边界关系；②明确生态产品的生产者是生态系统和人类社会，阐明了生态产品与非生态自然资源之间的边界关系；③明确生态产品含有人与人之间的社会关系，为阐明生态产品价值实现机制提供了经济学基础。

自 2010 年开始，生态产品及其价值实现理念多次在党和国家的重要文件及讲话中提及，逐渐演变成贯穿习近平生态文明思想的核心主线，生态产品及其价值实现理念随着我国生态文明建设的深入逐渐深化和升华。从最初的仅当作国土空间优化的一个要素到党的十八大报告提出将生态产品生产能力看作是提高生产力的重要组成部分；到 2016 年在生态产品概念基础上首次提出价值实现理念；2017 年提出开展生态产品价值实现机制试点深化对生态产品的认识和要求；2018 年，习近平总书记在深入推动长江经济带发展座谈会的讲话为生态产品价值实现指明了发展方向、路径和具体要求，生态产品价值实现正式成为习近平生态文明思想的核心主线，并在 2018 年年底提出以生态产品产出能力为基础健全生态保护补偿及其相关制度；随后习近平总书记在黄河流域生态保护和高质量发展座谈会上提出国家生态功能区要创造更多生态产品；2020 年 4 月，提出将提高生态产品生产能力作为生态修复的目标，生态价值实现的理论逐渐演变成为生态文明的核心理论基石。

伟大的理论需要丰富鲜活的实践支撑，生态产品及其价值实现理念为习近平生态文明思想提供了物质载体和实践抓手，各个部门、各级政府在实际工作中应将生态产品价值实现作为工作目标、发力点和关键绩效，通过生态产品价值实现将习近平生态文明思想从战略部署转化为具体行动，本研究根据国内外研究进展，探索黑河市生态产品价值实现的途径与方法。

## 二、生态产品价值实现的重大意义

生态产品价值实现（ecosystem product value realization）的过程，就是将生态产品所蕴含的内在价值转化为经济效益、社会效益和生态效益的过程，是经济社会发展格局、城镇空间布局、产业结构调整和资源环境承载能力相适应的过程，有利于实现生产空间、生活空间和生态空间的合理布局。党的十九大报告明确提出："既要创造更多物质财富和精神财富以满足人民日益增长的美好生活需要，也要提供更多优质生态产品以满足人民日益增长的优美生态环境需要。"因此，建立健全生态产品价值实现机制，既是贯彻落实习近平生态文明思想、践行"绿水青山就是金山银山"理念的重要举措，也是坚持生态优先、推动绿色发展、建设生态文明的必然要求。

生态产品具有非竞争性和非排他性的特点，是一种与生态密切相关的、社会共享的公共产品。根据其公共性程度和受益范围的差异，进一步可将其细分为纯生态公共品和准生态公共品，前者指具有完全意义的非排他性和非竞争性的，对全国范围乃至全球生态系统都有共同影响的社会共同消费的产品，通常由政府提供，如公益林建设、退耕还林（还湿还草）、荒漠化防治、自然保护区设置等生态恢复和环境治理项目；后者介于纯生态公共产品与生态私人产品之间，如污水处理、垃圾收集。习近平总书记在深入推动长江经济带发展座谈会上强调，要积极探索推广绿水青山转化为金山银山的路径，选择具备条件的地区开展生态产品价值实现机制试点，探索政府主导、企业和社会各界参与、市场化运作、可持续的生态产品价值实现路径。探索生态产品价值实现，是建设生态文明的应有之义，也是新时代必须实现的重大改革成果。具体来说，生态产品的价值实现的重大意义有以下几点：

一是表明我国生态文明建设理念的重大变革。生态产品价值实现是我国在生态文明建设理念上的重大变革，环境就是民生（中共中央文献研究室，2016），生态环境被看作是一种能满足人类美好生活需要的优质产品，这样良好生态环境就由古典经济学家眼中单纯的生产原料、劳动的对象转变成为提升人民群众获得感的增长点、经济社会持续健康发展的支撑点、展现我国良好形象的发力点（《党的十九大报告辅导读本》编写组，2017）。生态环境同时具有了生产原料和劳动产品的双重属性，是影响生产关系的重要生产力要素，丰富拓展了马克思生产力与生产关系理论。

二是为"两山"理论提供实践抓手和物质载体。"绿水青山就是金山银山"理论是习近平生态文明思想的重要组成部分，生态产品及其价值实现理念是"两山"理论的核心基石，为"两山"理论提供了实实在在的实践抓手和价值载体。"金山银山"是人类社会经济生产系统形成的财富的形象比喻，可以用 GDP 反映金山银山的多少。而生态产品是自然生态系统的产品，是自然生态系统为人类提供丰富多样福祉的统称。习近平总书记在浙江日报《之江新语》发表评论指出，将生态环境优势转化为生态农业、生态旅游等生态经济优势，那么"绿水青山"就变成了"金山银山"。因此，生态产品所具有的价值就是"绿水青山"的价值，生态产品就是"绿水青山"在市场中的产品形式。

三是我国强化经济手段保护生态环境的实践创举。产品具备在市场中流通、交易与消费的基础。生态环境转化为生态产品，价值规律可以在其生产、流通与消费过程发挥作用，运用经济杠杆可以实现环境治理和生态保护的资源高效配置。将生态产品转化为可以经营开发的经济产品，用搞活经济的方式充分调动起社会各方的积极性，利用市场机制充分配置生态资源，充分利用我国改革开放后在经济建设方面取得的经验、人才、政策等基础，以发展经济的方式解决生态环境的外部不经济性问题。因此，可以说生态产品价值实现是我国政府提出的一项创新性的战略措施和任务，是一项涉及经济、社会、政治等相关领域的系统性工程。

四是将生态产品培育成为我国绿色发展新动能。我国生态产品极为短缺，生态环境是我国建设美丽中国的最大短板（中共中央文献研究室，2016）。研究结果表明，近 20 年来我国生态资源资产平稳波动的趋势没有与社会经济同步增长（张林波等，2019）；而同时期，经济发达、幸福指数高的国家基本表现为"双增长、双富裕"（TEEB，2009）。生态差距成为我国与发达国家最大的差距，通过提高生态产品生产供给能力可以为我国经济发展提供强大生态引擎。

生态产品价值实现是一项系统性、复杂性的长期工程，推进生态产品价值实现，可以瞄准以下五方面加强制度创新和试点实践：一是坚持规划引领，科学合理布局：对于生态环境良好地区或重点生态功能区，在加强生态保护的同时，积极鼓励发展生态产业并留有一定发展空间；对于适宜开展生态保护修复和接续产业发展的区域，可以根据生态修复和后续资源开发、产业发展等需要，合理确定区域内各类空间用地的规模、结构、布局和时序，优化国土利用格局，为合理开发和价值实现创造条件。二是管控创造需求，培育交易市场：通过政府管控或设定限额等措施，创造对生态产品的交易需求，引导和激励利益相关方开展交易，通过市场化方式实现生态产品的价值。三是清晰产权界定，促进产权流转：对自然生态系统进行调查监测和确权登记，摸清区域内自然资源的数量、质量、权属等现状，积极开展生态价值评估，是加快实现生态产品价值的基础。四是激发市场活力，发展生态产业：将生态产品与各地独特的自然资源、历史文化资源等相结合，发展生态旅游、生态农业等绿色产业，将生态产品的价值转化为可以直接市场交易的商品价值。五是完善支持政策，实现价值外溢：因地制宜地制定支持政策和激励措施，包括国土空间规划中的功能分区、规划用地布局、土地供应、建设用地用途转换、资源有偿使用、生态补偿政策等，为生态产品价值实现提供保障。

## 三、生态产品价值实现的模式路径

生态产品价值实现是我国政府提出的一项创新性的战略措施和任务，是一项涉及经济、社会、政治等相关领域的系统性工程，在世界范围内还没有在任何一个国家形成成熟的可推广的经验和模式。尽管如此，在与生态产品价值实现相关方面，国内外开展了大量实践，形成了一批典型案例，积累了丰富经验，给我国生态产品价值实现诸多启示。生态产品价值实现的实质就是生态产品的使用价值转化为交换价值的过程。虽然生态产品基础理论尚未成体系，但国内外已经在生态产品价值实现方面开展了丰富多彩的实践活动，形成了一些有特色、可借鉴的实践和模式。张林波等（2020）在大量国内外生态文明建设实践调研的基础上，从近百个生态产品价值实现实践案例，从生态产品使用价值的交换主体、交换载体、交换机制等角度，归纳形成8大类和22小类生态产品价值实现的实践模式或路径，包括生态保护补偿、生态权益交易、资源产权流转、资源配额交易、生态载体溢价、生态产业开发、区域协同开发和生态资本收益等（图7-13）。

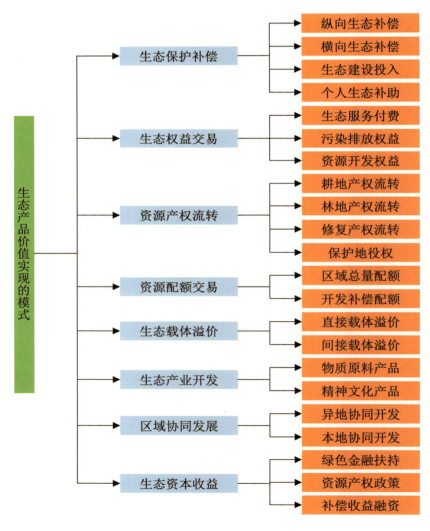

图7-13　生态产品价值实现的模式路径

生态保护补偿指政府或相关组织机构从社会公共利益出发向生产供给公共性生态产品的区域或生态资源产权人支付的生态保护劳动价值或限制发展机会成本的行为，可以分为以上级政府财政转移支付为主要方式的纵向生态补偿、流域上下游跨区域的横向生态补偿、中央财政资金支持的各类生态建设工程、对农牧民生态保护进行的个人补贴补助4种方式；生态权益交易是指生产消费关系较为明确的生态系统服务权益、污染排放权益和资源开发权益的产权人和受益人之间直接通过一定程度的市场化机制实现生态产品价值的模式，可以分为正向权益的生态服务付费、减负权益的污染排放权益和资源开发权益3类；资源产权流转模式是指具有明确产权的生态资源通过所有权、使用权、经营权、收益权等产权流转实现生态产品价值增值的过程（马建堂，2019），可以按生态资源的类型分为耕地产权流转、林地产权流转、生态修复产权流转和保护地役权4种模式；资源配额交易是指为了满足政府制定的生态资源数量的管控要求而产生的资源配额指标交易，可以分为总量配额交易和开发配额交易2类；生态载体溢价是指将无法直接进行交易的生态产品的价值附加在工业、农业或服务业产品上通过市场溢价销售实现价值的模式，分为直接载体溢价和间接载体溢价2种模式；生态产业开发是经营性生态产品通过市场机制实现交换价值的模式，可以根据经营性生态产品的类别分为物质原料开发和精神文化产品2类；区域协同发展是指公共性生态产品的受益区域与供给区域之间通过经济、社会或科技等方面合作实现生态产品价值的模式，可以分为在生态产品受益区域合作开发的异地协同开发和在生态产品供给地区合作开发的本地协同开发2种模式；生态资本收益模式是指生态资源资产通过金融方式融入社会资金，盘活生态资源实现存量资本经济收益的模式（高吉喜，2016）；可以划分为绿色金融扶持、资源产权融资和补偿收益融资3类。

### 四、生态产品价值化实现路径设计

为实现多样化的生态产品价值，需要建立多样化的生态产品价值实现路径。加快促进生态产品价值实现，需遵循"界定产权、科学计价，更好地实现与增加生态价值"的思路，有针对性的采取措施，更多运用经济手段最大程度地实现生态产品价值，促进环境保护与生态改善。本研究从生态文明建设角度出发，依据王兵等（2020）针对中国森林生态产品价值化实现路径的设计，结合黑河市生态空间绿色核算与生态产品价值评估实践，将9项功能类别与8大类实现路径建立了功能与服务转化率高低和价值化实现路径可行性的大小关系（图7-14）。基于建立的功能与服务转化率高低和价值化实现路径可行性的大小关系，以具体研究案例从生态保护补偿、生态权益交易、生态产业开发、区域协同发展和生态资本收益6个大类11小类的生态产品价值实现的模式路径进行黑河市生态产品价值化实现路径设计。

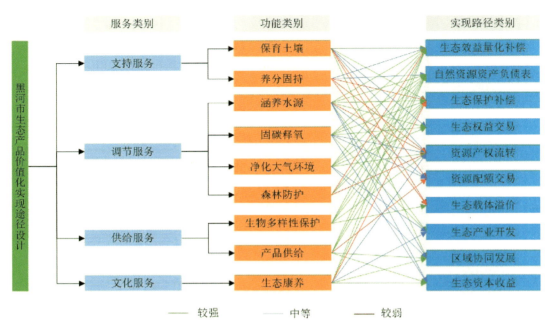

图 7-14 黑河市生态产品价值化实现路径设计

### 1. 生态保护补偿实现路径

公共性生态产品生产者的权利通过使公共性生态产品的价值实现而实现，才能够保障与社会所需要的公共性生态产品的供给量。该路径应由政府主导，以市场为主体，多元参与，充分发挥财政与金融资本的协同效应。2016年，国务院办公厅印发《关于健全生态保护补偿机制的意见》，指出实施生态保护补偿是调动各方积极性、保护好生态环境的重要手段，是生态文明制度建设的重要内容，强调要牢固树立创新、协调、绿色、开放、共享的发展理念，不断完善转移支付制度，探索建立多元化生态保护补偿机制，逐步扩大补偿范围，合理提高补偿标准，有效调动全社会参与生态环境保护的积极性，促进生态文明建设迈上新台阶。2018年12月，国家多部门联合发布《建立市场化、多元化生态保护补偿机制行动计划》，这都为生态补偿方式实现生态产品价值提供了参考。

国内外开展了大量形式多样、机制灵活的生态补偿实践，国际上普遍的做法是通过开征绿色税或生态税等多种途径拓展生态补偿的资金来源，建立专门负责生态补偿的机构和专项基金，通过政府财政转移支付或市场机制进行生态补偿。哥斯达黎加成功建立起生态补偿的市场机制，成立了专门负责生态补偿的机构国家森林基金，通过国家投入资金、与私有企业签订协议、项目和市场工具等多样化渠道筹集资金，以环境服务许可证方式购买水源涵养、生态固碳、生物多样性和生态旅游等生态产品，极大地调动了全国民众生态保护与建设的热情，使其森林覆盖率由1986年的21%增至2012年的52%，森林保护走向商业化，也推动了农民的脱贫和资源再分配，其政府购买生态产品的市场化补偿模式成为国际生态补偿的成功典范（虞慧怡等，2020）。2020年4月，财政部等4部门发布了关于印发《支持引导黄河全流域建立横向生态补偿机制试点实施方案》的通知，目的是通过逐步建立黄河流域生态补偿机制，立足黄河流域各地生态保护治理任务不同特点，遵循"保护责任共担、流域环境共治、生态效益共享"的原则加快实现高水平保护，推动流域高质量发展，保障黄河长治久安。在该方案中指出的黄河全流域建立横向生态补偿机制主要措施是：建立黄河流域生态补偿机制管理平台、中央财政安排引导资金和鼓励地方加快建立多元化横向生态补偿机制。目前，北京市正积极推动密云水库上游潮白河流域生态保护补偿。

上述典型案例均为黑河市生态产品的保护补偿提供了借鉴，黑河市拥有丰富的森林、湿地、草地资源，每年发挥着4464.82亿元的服务功能，其生态产品价值极大。如此普惠的生态产品，按照本章第三节中计算的森林生态补偿标准，政府每年需要提供4.54亿元即可使全市的森林发挥应有的生态产品价值，这相当于2018年黑河市公共财政预算收入（34.4亿元）的13.19%（黑河市统计局，2019），这部分属于纵向生态补偿，补偿资金可由中央、省级和地方三级财政承担，最新的《全国重要生态系统保护和修复重大工程总体规划（2021-2035年）》也指出按照中央和地方财政事权和支出责任划分，将全国重要生态系统保护和修复重大工程作为各级财政的重点支持领域，进一步明确支出责任，切实加大资金投入力度。可见，生态补偿具有较强的可行性。此外，黑河市积极开展退耕还林还湿还草工程、三北防护林工程、天然林资源保护工程、黑河市草地治理工程等国家级及省级生态工程的建设，完成人工造林面积197.96万亩，封山育林106.25万亩，完成森林抚育面积411.64万亩，林冠下更新补植55.5万亩。国家及黑河市政府在生态保护建设方面的投资保障了各类生态工程的顺利开展，生态环境显著改善，生态产品的价值实现得到保障。生态保护补偿是公共性生态产品最基本、最基础的经济价值实现手段，黑河市在纵向生态补偿、生态建设投资和个人补贴补助方面均采用了一定的实施手段和方法，有效的推动全市生态产品的价值实现。

**2. 生态权益交易实现路径**

生态权益交易是公共性生态产品在满足特定条件成为生态商品后直接通过市场化机制方式实现价值的唯一模式，是相对完善成熟的公共生态产品直接市场交易机制，相当于传统的环境权益交易和国外生态系统服务付费实践的合集。生态权益交易中的生态服务付费与森林生态产品的价值实现密切相关。在某种意义上，生态权益交易可以被视为一种"市场创造"，而且是一种大尺度的"市场创造"，对于全球生态系统动态平衡的维持，能起到很多政府干预或控制所不能起到的作用。

统一规范的市场交易政策，是扶持生态产品实现经济价值的关键措施。生态产品具有公益性、收益低、周期长等特点，其价值实现离不开良好的市场机制，为此政府要积极制定统一规范的生态产品市场交易政策。如法国毕雷矿泉水公司为保持水质向上游水源涵养区农牧民支付生态保护费用。哥斯达黎加EG水公司为保证发电所需水量、减少泥沙淤积购买上游生态系统服务。污染排放交易主要包括排污权和碳排放权，如美国水污染排污权交易。资源开发权益主要包括水权、用能权等。福建南平市通过构建"森林生态银行"这一自然资源管理、开发和运营的平台，对碎片化的森林资源进行集中收储和整合优化，促进了生态产品价值向经济发展优势的转化。浙江东阳、义乌两市水权交易虽在法律上还存在一些产权困境和问题，但为准公共生态产品的权益交易提供了有价值的参考借鉴。根据黑河市森林生态产品物质量评价结果，黑河市森林生态系统年固碳量为510.98万吨，若进行碳排放权交易，按照2019年北京市碳排放交易配额市场价格71.61元/吨，可实现3.66亿元的价值收益；在水权交易方面，根据中国水权交易所交易案例河北云州水库—北京白河堡水库水权交易，每立方米0.6元，按此计算，黑河市森林生态系统年涵养水源量87.78亿立方米，可实现52.67亿元收益；在排污权交易方面，以污染气体为例，黑河市森林生态系统吸收污染气体量为47.33万吨/年，按照环境保护税法的征收额，将排污权交易给有关工厂，理想的收益将会达到6.11亿元。

### 3. 资源配额交易实现路径

资源配额交易是不涉及资源产权的、纯粹的资源配额指标交易模式。这种模式实施的前提是政府通过管制使生态资源具有稀缺性，促使生态资源匮乏的经济发达地区或需要开发占用生态资源的企业个人付费达到国家管制要求，有条件或基础好的地区、企业或个人通过保护、恢复生态资源获得经济收益。重庆市通过设置森林覆盖率这一约束性考核指标，创设了森林覆盖率达标地区和不达标地区之间的交易需求，搭建了生态产品直接交易的平台，是一种总量配额交易（孙安然，2020）。

黑河市总量配额交易可通过森林覆盖率指标交易的形式实现生态产品价值，具体方法为：由黑河市林业和草原局制定全市2021—2025年森林覆盖率达到目标值作为每个县（市、区）的统一考核目标，将7个县（市、区）到2021—2025年年底的森林覆盖率目标划分为3类：东南部和北部山区森林覆盖率目标值提高0.1%；西南部地区目标值提高0.3%（具体数值需根据黑河市林业发展情况而定）。

构建基于森林覆盖率指标的交易平台，对达到森林覆盖率目标值确有实际困难的县（市、区），允许其向森林覆盖率较高的县（市、区）购买森林面积指标，计入本地县（市、区）的森林覆盖率；但出售方扣除出售的森林面积后，其森林覆盖率不得低于规定标准。需购买森林面积指标的县（市、区）与拟出售森林面积指标的县（市、区）进行沟通，根据森林所在位置、质量、造林及管护成本等因素，协商确认森林面积指标价格，原则上不低于1000元/亩；同时购买方还需要从购买之时起支付森林管护经费，原则上不低于100元/(亩·年)，管护年限原则上不少于15年，管护经费可以分年度或分3~5次集中支付。交易双方对购买指标的面积、位置、价格、管护及支付进度等达成一致后，在黑河市林业和草原局见证下签订购买森林面积指标的协议。交易的森林面积指标仅用于各县（市、区）森林覆盖率目标值计算，不与林地、林木所有权等权利挂钩，也不与各级造林任务、资金补助挂钩。协议履行后，由交易双方联合向黑河市、县（市、区）林业和草原局报送协议履行情况。各县（市、区）相关部门负责牵头建立追踪监测制度，制定检查验收、年度考核等制度规范，加强业务指导和监督检查，督促指导交易双方认真履行购买森林面积指标的协议，完成涉及交易双方的森林面积指标转移、森林覆盖率目标值确认等工作，对森林覆盖率没有达到目标的县(市、区)，提请市政府进行问责追责。而湿地与草地资源由于受地理和气候因素影响，分布较为集中，可在集中分布的县（市、区）单独开展此项工作，确保对资源的保护与价值的实现。

### 4. 生态产业开发实现路径

生态产业开发是生态资源作为生产要素投入经济生产活动的生态产业化过程，是市场化程度最高的生态产品价值实现方式。生态产业开发的关键是如何认识和发现生态资源的独特经济价值，如何开发经营品牌提高产品的"生态"溢价率和附加值。生态产业开发模式可以根据经营性生态产品的类别相应地分为物质原料开发和精神文化产品两类。

生态资源同其他资源一样是经济发展的重要基础，充分依托优势生态资源，将其转为经济发展的动力是国内外生态产品价值实现的重要路径。瑞士山地占国土面积的90%以上，是传统意义的资源匮乏国家，但通过大力发展生态经济，把过去制约经济发展的山地变成经济腾飞的资源，探寻出一条山地生态与乡村旅游可持续发展之路。瑞士旅游注重将本土文化、历史遗迹与自然景观有机结合，打造特色旅游文化品牌，吸引不同文化层次的游客，使旅游业收入约占GDP的6.2%。我国贵州省充分发挥气候凉爽和环境质量优良的优势，2017年贵州省旅游业增加值占GDP比重升至11%，且连续7年GDP增速排名全国前三位。

上述瑞士和我国贵州省生态产业开发的成功经验，为黑河市生态产业开发实现路径提供了可借鉴的方式。黑河市森林、湿地、草地生态系统休闲游憩方面的价值为88.68亿元，占全市旅游总收入（114.7亿元）的77.31%（黑河市统计局，2019），黑河市现有国家级自然保护地18处（含自然保护区5处、风景名胜区2处、地质公园2处、森林公园3处、湿地公园3处、种质资源保护区3处），省级自然保护地20处（含自然保护区11处，风景名胜区3处，森林公园4处、湿地公园2处）、市县级自然保护地8处，（含市级自然保护区3处和县级保护区5处）。发展旅游资源为主的生态产业开发提升的空间极大。森林、湿地、草地生态系统不仅可以提供精神文化产品，其提供的物质原料开发价值同样巨大，黑河市2018年农林牧渔业总产值为28.1亿元（黑河市统计局，2019），森林可以提供木材产品和非木材产品，湿地可以提供水产品和水生植物资源，草地可以提供草产品和畜牧产品，森林、湿地、草地生态系统提供的物质原料作为直接产品可以保障人类的生活生产需求。结合黑河市森林、湿地、草地资源的发展与保护现状，政府应积极鼓励多种资源的整合和开发利用，以实现生态产品的价值转化。可以通过如下路径实现：

（1）深入挖掘生态产业价值潜力。黑河市五大连池风景区火山群峰耸立、湖泊珠连、矿泉星布，保存了类型多样且完整的火山地质地貌，拥有丰富的旅游产品、纯净的天然氧吧、珍稀的冷矿泉、灵验的洗疗泥疗、天然熔岩晒场、宏大的全磁环境、绿色的健康食品和丰富的地域民族习俗等，形成了"世界顶级生态康养旅游资源"，通过科学规划和一定经济技术活动，使之进一步发挥生态康养服务价值潜力；同时，对陆生、水生野生动物进行繁育与利用，建设动植物资源栖息地；利用沿江的地理优势，积极推进物候景象旅游资源的开发。

（2）发展现代观光农业，建设旅游观光园，进行林果产品的采摘；同时，大力发展林下经济，进行森林药材种植、森林食品种植。全市 2018 年林木产品供给功能价值量为 9.68 亿元，除木材产品外，黑河市的蘑菇、木耳、榛子等林下经济产品价值巨大。寒地水稻、北药、小浆果、瑷珲山珍、孙吴大果沙棘等作为黑河市各地的特产，各级地方政府要抓住机遇，积极推广，实现产品价值的转化。

（3）加大对自然生态系统的恢复和保护力度，推动绿色生态资源与富民产业相结合，发展教育培训、生态旅游、会展、民宿等产业，吸引游客"进入式消费"，将生态优势转化为经济优势，实现"绿水青山"的综合效益。

（4）在不影响生态系统服务功能的前提下，通过投资补助、贴息贷款等优惠政策，把生态产品、物质产品和乡村文化产品"捆绑式"经营，使生态要素成为绿色产业发展必不可少的生产要素，让其价值转移到生态型农产品和旅游产品中去，并通过产品销售实现其价值。

### 5.区域协同发展实现路径

区域协同发展是有效实现重点生态功能区主体功能定位的重要模式，是发挥中国特色社会主义制度优势的发力点。区域协同发展可以分为在生态产品受益区域合作开发的异地协同开发和在生态产品供给地区合作开发的本地协同开发两种模式。

浙江金华—磐安共建产业园、四川成都—阿坝协作共建工业园均是在水资源生态产品的下游受益区建立共享产业园，这种异地协同发展模式不仅保障了上游水资源生态产品的持续供给，同时为上游地区提供了资金和财政收入，有效地减少了上游地区土地开发强度和人口规模，实现了上游重点生态功能区定位。金华市生态环境局义乌分局与浦江分局签定了《义乌—浦江生态环境保护战略合作备忘录》，进一步夯实了"义浦同城"一体化的生态环境保护基础，迈出了深化协调联动、创新一体发展的新步子。长株潭城市群生态绿心地区，践行生态文明区域协同共建共享模式，长株潭城市群将绿心作为生态环境的核心要素，通过引导、规划、管制等方式，发挥了各级政府主体、企业主体、社会组织主体、公民个体的协同作用，阻止了绿心过度开发、面积缩小、功能下降的趋势，实现了区域协同发展。

在我国目前的体制下建立以行政主导、多方社会力量共同参与的环境治理协调机制，是解决环境管理权力分割的有效途径。首先通过本地协同开发，整合黑河市各县（市、区）的生态资源，发展绿色经济，提高全市对生态产品的重视程度，充分发挥各县（市、区）生态产品的特点，最大化生态产品的价值，如西南部牧业产品、渔业产品以及东南部和北部山区的林业产品；另外是异地协同开发，根据《全国重要生态保护和修复重大工程总体规划 2021—2035 年)》中的布局，黑河市属于东北森林带，该区域作为我国"两屏三带"生态安全战略格局中东北森林带的重要载体，对调节东北亚地区水循环与局地气候、维护国家生态安全和保障国家木材资源具有重要战略意义。黑河市相关部门同内蒙古自治区呼伦贝尔市、黑龙江省大兴安岭地区和伊春市一起，坚持以"森林是陆地生态系统的主体和重要资源，是人类生存发展的重要保障"为根本遵循，以推动森林生态系统、湿地生态系统、草地生态系统自然恢复为导向，立足国家重点生态功能区，全面加强森林、草地、河湖、湿地等生态系统的保护，大力实施天然林保护和修复，连通重要生态廊道，切实强化重点区域沼泽湿地和珍稀候鸟迁徙地、繁殖地自然保护区保护管理，稳步推进退耕还林还湿还草、水土流失治理、矿山生态修复和土地综合整治等治理任务，提升区域生态系统功能稳定性，保障国家东北森林带生态安全。

### 6. 生态资本收益实现路径

生态资本收益模式中的绿色金融扶持是利用绿色信贷、绿色债券、绿色保险等金融手段鼓励生态产品生产供给。生态保护补偿、生态权属交易、经营开发利用、生态资本收益等生态产品价值实现路径都离不开金融业的资金支持，即离不开绿色金融，可以说绿色金融是所有生态产品生产供给及其价值实现的支持手段（张林波等，2019）。但绿色金融发展，需要加强法制建设以及政府主导干预，才能充分发挥绿色金融政策在生态产品生产供给及其价值实现中的信号和投资引导作用。

我国国家储备林建设以及福建、浙江、内蒙古等地的一些做法为解决绿色金融扶持促进生态产品的制约难点提供了一些借鉴和经验。国家林业和草原局开展的国家储备林建设通过精确测算储备林建设未来可能获取的经济收益，解决了多元融资还款的来源。福建三明创新推出"福林贷"金融产品，通过组织成立林业专业合作社以林权内部流转解决了贷款抵押难题。福建顺昌依托县国有林场成立"顺昌县林木收储中心"为林农林权抵押贷款提供兜底担保。浙江丽水"林权 IC 卡"采用"信用 + 林权抵押"的模式实现了以林权为抵押物的突破。2016 年，七部委又出台了《关于构建绿色金融体系的指导意见》等，为绿色金融的发展提供了良好的政策基础。

对黑河市森林、湿地、草地引入社会资本和专业运营商具体管理，打通资源变资产，资产变资本的通道，提高资源价值和生态产品的供给能力，促进生态产品价值向经济发展优势的转化。实现黑河市生态产品价值可通过如下方式：

一是政府主导，设计和建立"生态银行"运行机制，由市林业和草原局控股、其他县（市、区）林草局及社会组织团体等参股，成立资源运营有限公司，注册一定资本金，作为"生态银行"的市场化运营主体。公司下设数据信息管理、资产评估收储等"两中心"和资源经营、托管、金融服务等"三公司"，前者提供数据和技术支撑，后者负责对资源进行收储、托管、经营和提升；同时整合资源调查团队和基层看护人员等力量，有序开展资源管护、资源评估、改造提升、项目设计、经营开发、林权变更等工作。

二是全面摸清森林、湿地、草地资源底数。根据林地分布、森林质量、保护等级、林地权属等因素对森林资源进行调查摸底，根据湿地面积、湿地类型、湿地分布、湿地水质等因素对湿地资源进行调查摸底，根据草地分布、草地退化程度、草场等级等因素对草地资源进行调查摸底，并进行确权登记，明确产权主体、划清产权界线，形成全市资源"一张网、一张图、一个库"数据库管理。通过核心编码对全市资源进行全生命周期的动态监管，实时掌握质量，数量及管理情况，实现资源数据的集中管理与服务。

三是推进资源流转，实现资源资产化。鼓励农民、牧民在平等自愿和不改变林地、草地所有权的前提下，将碎片化的森林、草地资源经营权和使用权集中流转至"生态银行"，由后者通过科学管理等措施，实施集中储备和规模整治，转换成权属清晰、集中连片的优质"资产包"。为保障农牧民利益和个性化需求，"生态银行"共推出入股、托管、租赁、赎买4种流转方式，同时，"生态银行"可与黑河市某担保公司共同成立林业融资担保公司为有融资需求的相关企业、集体或农牧民提供产权抵押担保服务，担保后的贷款利率要低于一般项目的利率，通过市场化融资和专业化运营，解决资源流转和收储过程中的资金需求。

四是开展规模化、专业化和产业化开发运营，实现生态资本增值收益。优化林分结构，增加林木蓄积量，促进森林资源资产质量和价值的提升。引进实施 FSC 国际森林认证，规范传统林区经营管理，为森林加工产品出口欧美市场提供支持。积极发展木材经营、林下经济、森林康养等"林业+"产业，推动林业产业多元化发展；加强对湿地的保护，在不破坏湿地生态环境的情况下，合理开采湿地提供的鱼类产品以及水生植物产品；加强对牧草的引种与培育，提升可食牧草的面积和质量，保障畜牧业的发展。采取"管理与运营相分离"的模式，将交通条件、生态环境良好的森林、湿地、草地地区作为旅游休闲区，运营权整体出租给专业化运营公司，提升各类资源资产的复合效益。探索"社会化生态补偿"模式，发行生态彩票等方式实现生态产品价值。

随着我国对生态产品的认识理解不断深入，对生态产品的措施要求更加深入具体，逐步由一个概念理念转化为可实施操作的行动，由最初国土空间优化的一个要素逐渐演变成为生态文明的核心理论基石。伟大的理论需要丰富鲜活的实践支撑，生态产品及其价值实现理念为习近平生态文明思想提供了物质载体和实践抓手，各个部门、各级政府在实际工作中应将生态产品价值实现作为工作目标、发力点和关键绩效，通过生态产品价值实现将习近平生态文明思想从战略部署转化为具体行动。

# 参考文献

国务院，2015. 全国主体功能区规划 [M]. 北京：人民出版社.

中国共产党第十八届中央委员会第三次全体会议，2013. 中共中央关于全面深化改革若干重大问题的决定 [R].

中共中央、国务院，2015. 关于加快推进生态文明建设的意见 [Z].

中共中央、国务院，2015. 生态文明体制改革总体方案 [Z].

国务院办公厅，2016. 关于健全生态保护补偿机制的意见 [Z].

中共中央办公厅、国务院办公厅，2016. 国家生态文明试验区（福建）实施方案 [Z].

中共中央、国务院，2017. 关于完善主体功能区战略和制度的若干意见 [Z].

第十八届中央委员会，2017. 决胜全面建成小康社会夺取新时代中国特色社会主义伟大胜利 [R].

国家发展改革委，财政部，自然资源部，等，2018. 建立市场化、多元化生态保护补偿机制行动计划 [Z].

中央全面深化改革委员会第十三次会议，2020. 全国重要生态系统保护和修复重大工程总体规划（2021—2035 年）[R].

中华人民共和国统计局，城市社会经济调查司，2018. 中国城市统计年鉴 2017 [M]. 北京：中国统计出版社.

全国人民代表大会常务委员会，2018. 中华人民共和国环境保护税法 [M]. 北京：中国法治出版社.

国家发展和改革委员会能源研究所，2003. 中国可持续发展能源暨碳排放情景分析 [R].

国家环保部，2018. 中国环境统计年报 2017[M]. 北京：中国统计出版社.

国家林业局，2004. 国家森林资源连续清查技术规定 [S]. 北京：中国标准出版社.

国家林业局，2003. 森林生态系统定位观测指标体系（GB/T 35377—2011）. 北京：中国标准出版社.

国家林业局，2005. 全国森林资源统计（1999—2003）[R]. 北京：国家林业和草原局森林资源管理司.

国家林业局，2005. 森林生态系统定位研究站建设技术要求（LY/T 1626—2005）[S]. 北京：中国标准出版社.

国家林业局，2007. 干旱半干旱区森林生态系统定位监测指标体系（LY/T 1688—2007）[S]. 北京：中国标准出版社.

国家林业局，2007. 暖温带森林生态系统定位观测指标体系（LY/T 1689—2007）[S]. 北京：中国标准出版社.

国家林业局，2008. 国家林业和草原局陆地生态系统定位研究网络中长期发展规划（2008—2020 年）[R].

国家林业局，2008. 寒温带森林生态系统定位观测指标体系（LY/T 1722—2008）[S]. 北京：中国标准出版社.

国家林业局，2010. 森林生态系统定位研究站数据管理规范（LY/T 1872—2010）[S]. 北京：中国标准出版社.

国家林业局，2010. 森林生态站数字化建设技术规范（LY/T 1873—2010）[S]. 北京：中国标准出版社.

国家林业局，2011. 森林生态系统长期定位观测方法（GB/T 33027—2016）[S]. 北京：中国标准出版社.

国家林业局，2017. 湿地生态系统服务功能评估规范（LY/T 2899—2017）[S]. 北京：中国标准出版社.

国家林业局，2017. 中国森林资源报告（2014—2018）[M]. 北京：中国林业出版社.

国家林业局，2016. 天然林资源保护工程东北、内蒙古重点国有林区效益监测国家报告[M]. 北京：中国林业出版社.

国家林业局，2017. 2016 退耕还林工程生态效益监测国家报告[M]. 北京：中国林业出版社.

国家林业局，2016. 2015 退耕还林工程生态效益监测国家报告[M]. 北京：中国林业出版社.

国家林业局，2015. 2014 退耕还林工程生态效益监测国家报告[M]. 北京：中国林业出版社.

国家林业局，2014. 2013 退耕还林工程生态效益监测国家报告[M]. 北京：中国林业出版社.

国家统计局，2019. 中国统计年鉴 2019[M]. 北京：中国统计出版社.

国家林业和草原局，2020. 森林生态系统服务功能评估规范（GB/T 38582—2020）[S]. 北京：中国标准出版社.

中国森林资源核算及纳入绿色 GDP 研究项目组，2004. 绿色国民经济框架下的中国森林资源核算研究[M]. 北京：中国林业出版社.

中国森林资源核算研究项目组，2015. 生态文明制度构建中的中国森林资源核算研究[M]. 北京：中国林业出版社.

中国生物多样性研究报告编写组，1998. 中国生物多样性国情研究报告[M]. 北京：中国环境科学出版社.

国家发展与改革委员会能源研究所（原：国家计委能源所），1999. 能源基础数据汇编（1999）

[G].

中国国家标准化管理委员会，2008. 综合能耗计算通则（GB 2589—2008）[S]. 北京：中国标准出版社.

黑龙江省统计局，国家统计局黑龙江调查队，2019. 黑龙江统计年鉴年鉴2019[M]. 北京：中国统计出版社.

黑河市统计局，2019. 2018年黑河市国民经济和社会发展统计公报 [R].

房瑶瑶，王兵，牛香，2015. 陕西省关中地区主要造林树种大气颗粒物滞纳特征 [J]. 生态学杂志，34（6）：1516-1522.

郭慧，2014. 森林生态系统长期定位观测台站布局体系研究 [D]. 北京：中国林业科学研究院.

李少宁，王兵，郭浩，等，2007. 大岗山森林生态系统服务功能及其价值评估 [J]. 中国水土保持科学，5（6）：58-64.

牛香，宋庆丰，王兵，等，2013. 黑龙江省森林生态系统服务功能 [J]. 东北林业大学学报，41（8）：36-41.

牛香，王兵，2012. 基于分布式测算方法的福建省森林生态系统服务功能评估 [J]. 中国水土保持科学，10（2）：36-43.

牛香，2012. 森林生态效益分布式测算及其定量化补偿研究——以广东和辽宁省为例 [D]. 北京：北京林业大学.

苏志尧，1999. 植物特有现象的量化 [J]. 华南农业大学学报，20（1）：92-96.

王兵，丁访军，2010. 森林生态系统长期定位观测标准体系构建 [J]. 北京林业大学学报，32（6）：141-145.

王兵，牛香，宋庆丰，2021. 基于全口径碳汇监测的中国森林碳中和能力分析 [J]. 环境保护，49（16）：30-34.

王兵，魏江生，胡文，2011. 中国灌木林—经济林—竹林的生态系统服务功能评估 [J]. 生态学报，31（7）1936-1945.

王兵，2015. 森林生态连清技术体系构建与应用 [J]. 北京林业大学学报，37（1）：1-8.

王兵，任晓旭，胡文，2011，中国森林生态系统服务功能及其价值评估 [J]. 林业科学，47（2）：145-153.

王兵，丁访军，2012. 森林生态系统长期定位研究标准体系 [M]. 北京：中国林业出版社.

王兵，鲁绍伟，2009. 中国经济林生态系统服务功能价值评估 [J]. 应用生态学报，20（2）：417-425.

王兵，宋庆丰，2012. 森林生态系统物种多样性保育价值评估方法 [J]. 北京林业大学学报，34（2）：157-160.

王兵，丁访军，2010. 森林生态系统长期定位观测标准体系构建 [J]. 北京林业大学学报，32

(6): 141-145.

王兵, 2015. 森林生态连清技术体系构建与应用 [J]. 北京林业大学学报, 37 (1): 1-8.

谢高地, 张钰锂, 鲁春霞, 等, 2001. 中国自然草地生态系统服务功能价值 [J]. 自然资源学报, 16 (1): 47-53.

谢高地, 鲁春霞, 冷允法, 等, 2015. 青藏高原生态资产的价值评估 [J]. 自然资源学报, 18 (2): 189-196.

张维康, 2016. 北京市主要树种滞纳空气颗粒物功能研究 [D]. 北京: 北京林业大学.

赵同谦, 欧阳志云, 郑华, 等, 2004. 草地生态系统服务功能分析及其评价指标体系 [J]. 生态学杂志, 23 (6): 155-160.

赵同谦, 欧阳志云, 贾良清, 等, 2004. 中国草地生态系统服务功能间接价值评价 [J]. 生态学报, 24 (6): 1101-1110.

潘勇军, 2013. 基于生态 GDP 核算的生态文明评价体系 [D]. 北京: 中国林业科学研究院.

王骁骁, 2016. 湖南省国有林场森林资源资产负债表研制 [D]. 湖南: 中南林业科技大学.

凌笋, 2019. 西安市自然资源资产负债表编制及其运用 [D]. 陕西: 西安理工大学.

路彩霞, 2018. 我国森林资源资产负债表的编制研究 [D]. 北京: 首都经济贸易大学.

张林波, 虞慧怡, 李岱青, 等, 2019. 生态产品内涵与其价值实现途径 [J]. 农业机械学报, 50 (06): 173-183.

虞慧怡, 张林波, 李岱青, 等, 2019. 生态产品价值实现的国内外实践经验与启示 [J]. 环境科学研究: 1-8.

沈铭晖, 史红玲, 郭庆超, 等, 2021. 黑龙江卡伦山以上河段水沙特性及造床流量研究 [J]. 泥沙研究, 46 (04): 21-27.

张林波, 等, 2020-05-09. 国内外生态产品价值实现创新实践与模式 [EB/OL]. [2020-05-20] https://mp.weixin.qq.com/s/3G0NdCSZMa71BwqbqNOuBA

Ali A A, Xu C, Rogers A, et al, 2015.Global-scale environmental control of plant photosynthetic capacity [J].Ecological Applications, 25 (8): 2349-2365.

Bellassen V, Viovy N, Luyssaert S, et al, 2011. Reconstruction and attribution of the carbon sink of European forests between 1950 and 2000[J]. Global Change Biology, 17 (11): 3274-3292.

Calzadilla P I, Signorelli S, Escaray F J, et al, 2016. Photosynthetic responses mediate the adaptation of two Lotus japonicus ecotypes to low temperature[J]. Plant Science, 250: 59-68.

Carroll C, Halpin M, Burger P, et al, 1997.The effect of crop type, crop rotation, and tillage practice on runoff and soil loss on a vertisol in central Queensland[J]. Australian Journal of Soil Research, 35 (4): 925-939.

Costanza R, D Arge R, Groot R, et al. The value of the world's ecosystem services and natural capital[J]. Nature, 1997, 387 (15): 253-260.

Daily G C, et al, 1997. Nature's services: Societal dependence on natural ecosystems[M]. Washington DC: Island Press.

Wang D, Wang B, Niu X, 2013. Forest carbon sequestration in China and its development[J]. China E-Publishing, 4: 84-91.

Fang J Y, Chen A P, Peng C H, et al, 2001. Changes in forest biomass carbon storage in China between1949 and 1998[J]. Science, 292: 2320-2322.

Fang J Y, Wang G G, Liu G H, et al, 1998. Forest biomass of China: An estimate based on the biomass volume relationship[J]. Ecological Applications, 8 (4): 1084-1091.

Feng L, Cheng S K, Su H, et al, 2008. A theoretical model for assessing the sustainability of ecosystem services[J]. Ecological Economy, 4: 258-265.

Gilley J E, Risse L M, 2000. Runoff and soil loss as affected by the application of manure[J]. Transactions of the American Society of Agricultural Engineers, 43 (6): 1583-1588.

Goldstein A, Hamrick K, 2013. A report by forest trends' ecosystem marketplace[R].

Gower S T, Mc Murtrie R E, Murty D, 1996. Aboveground net primary production decline with stand age: potential causes[J]. Trends in Ecology and Evolution, 11 (9): 378-382.

HagitAttiya, 2008. 分布式计算（2008）[M] 北京: 电子工业出版社.

IPCC, 2003. Good practice guidance for land use, land-use change and forestry[R].The Institute for Global Environmental Strategies (IGES).

MA (Millennium Ecosystem Assessment), 2005. Ecosystem and human well-being: Synthesis[M]. Washington DC: Island Press.

Murty D, McMurtrie R E, 2000. The decline of forest productivity as stands age: A model-based method for analysing causes for the decline[J]. Ecological Modelling, 134 (2): 185-205.

Nikolaev A N, Fedorov P P, Desyatkin A R, 2011. Effect of hydrothermal conditions of permafrost soil on radial growth of larch and pine in Central Yakutia [J]. Contemporary Problems of Ecology, 4 (2): 140-149.

Nishizono T, 2010. Effects of thinning level and site productivity on age-related changes in stand volume growth can be explained by a single rescaled growth curve[J]. Forest Ecology and Management, 259 (12): 2276-2291.

Niu X, Wang B, 2014. Assessment of forest ecosystem services in China: a methodology [J]. J. of Food, Agric. and Environ., 11: 2249-2254.

Niu X, Wang B, Liu S R, 2012. Economical assessment of forest ecosystem services in China: Characteristics and implications[J]. Ecological Complexity, 11: 1-11

Niu X, Wang B, Wei W J, 2013. Chinese forest ecosystem research network: A platform for observing and studying sustainable forestry[J]. Journal of Food, Agriculture & Environment, 11 (2): 1008-1016.

Nowak D J, Hirabayashi S, Bodine A, et al, 2013. Modeled $PM_{2.5}$ removal by trees in ten US citiesand associated health effects[J]. Environmental Pollution, 178: 395-402.

Palmer M A, Morse J, Bernhardt E, et al, 2004. Ecology for a crowed planet[J]. Science, 304: 1251-1252.

Post W M, Emanuel W R, Zinke P J, et al, 1982. Soil carbon pools and world life zones[J]. Nature, 298: 156-159.

Smith N G, Dukes J S, 2013. Plant respiration and photosynthesis in global scale models: Incorporating acclimation to temperature and $CO_2$ [J]. Global Change Biology, 19 (1): 45-63.

Song C, Woodcock C E, 2003. Monitoring forest succession with multitemporal landsat images: Factors of uncertainty[J]. IEEE Transactions on Geoscience and Remote Sensing, 41 (11): 2557-2567.

Song Q F, Wang B, Wang J S, et al, 2016. Endangered and endemic species increase forest conservation values of species diversity based on the Shannon-Wiener index[J]. Iforest Biogeosciences and Forestry, doi: 10.3832/ifor1373-008.

Sutherland W J, Armstrong-Brown S, Armsworth P R, et al, 2006. The identification of 100 ecological questions of high policy relevance in the UK[J]. Journal of Applied Ecology, 43: 617-627.

Tekiehaimanot Z, 1991.Rainfall interception and boundary layer conductance in relation to tree spacing[J]. Journal of Hydrology, 123: 261-278.

Wang B, Ren X X, Hu W, 2011.Assessment of forest ecosystem services value in China[J]. Scientia Silvae Sinicae, 47 (2): 145-153.

Wang B, Wang D, Niu X. 2013a. Past, present and future forest resources in China and the implications for carbon sequestration dynamics[J]. Journal of Food, Agriculture & Environment, 11 (1): 801-806.

Wang B, Wei W J, Liu C J, et al, 2013b. Biomass and carbon stock in moso bamboo forests in subtropical China: Characteristics and implications[J]. Journal of Tropical Forest Science, 25 (1): 137-148.

Wang B, Wei W J, Xing Z K, et al, 2012. Biomass carbon pools of Cunninghamia lanceolata (Lamb.) Hook. forests in subtropical China: Characteristics and potential[J]. Scandinavian Journal of Forest Research, 1-16.

Wang R, Sun Q, Wang Y, et al, 2017. Temperature sensitivity of soil respiration: Synthetic effects of nitrogen and phosphorus fertilization on Chinese Loess Plateau[J]. Science of the Total Environment, 574: 1665-1673.

You W Z, Wei W J, Zhang H D, 2012. Temporal patterns of soil $CO_2$ efflux in a temperate Korean Larch (*Larix olgensis* Herry.) plantation, Northeast China[J]. Trees, DOI10.1007/s00468-013-0889-6.

Woodall C W, Morin R S, Steinman J R, et al, 2010. Comparing evaluations of forest health based on aerial surveys and field inventories: Oak forests in the Northern United States[J]. Ecological Indicators, 10 (3): 713-718.

Xue P P, Wang B, Niu X, 2013. A simplified method for assessing forest health, with application to Chinese fir plantations in Dagang Mountain, Jiangxi, China[J]. Journal of Food, Agriculture & Environment, 11 (2): 1232-1238.

Zhang B, W H L, Xie G D, et al, 2010. Water conservation of forest ecosystem in Beijing and its value[J]. Ecological Economics, 69 (7): 1416-1426.

Zhang W K, Wang B, Niu X, 2015. Study on the adsorption capacities for airborne particulates of landscape plants in different polluted regions in Beijing (China) [J]. International Journal of Environmental Research and Public Health, 12 (8): 9623-9638.

# 附　表

## 表1　环境保护税税目税额

| 税目 | | 计税单位 | 税额 | 备注 |
|---|---|---|---|---|
| 大气污染物 | | 每污染当量 | 1.2～12元 | |
| 水污染物 | | 每污染当量 | 1.4～14元 | |
| 固体废物 | 煤矸石 | 每吨 | 5元 | |
| | 尾矿 | 每吨 | 15元 | |
| | 危险废物 | 每吨 | 1000元 | |
| | 冶炼渣、粉煤灰、炉渣、其他固体废物（含半固态、液态废物） | 每吨 | 25元 | |
| 噪声 | 工业噪声 | 超标1～3分贝 | 每月350元 | 1.一个单位边界上有多处噪声超标，根据最高一处超标声级计算应税额；当沿边界长度超过100米有两处以上噪声超标，按照两个单位计算应纳税额；<br>2.一个单位有不同地点作业场所的，应当分别计算应纳税额，合并计征；<br>3.昼、夜均超标的环境噪声，昼、夜分别计算应纳税额，累计计征；<br>4.声源一个月内超标不足15天的，减半计算应纳税额；<br>5.夜间频繁突发和夜间偶然突发厂界超标噪声，按等效声级和峰值噪声两种指标中超标分贝值高的一项计算应纳税额 |
| | | 超标4～6分贝 | 每月700元 | |
| | | 超标7～9分贝 | 每月1400元 | |
| | | 超标10～12分贝 | 每月2800元 | |
| | | 超标13～15分贝 | 每月5600元 | |
| | | 超标16分贝以上 | 每月11200元 | |

## 表2 应税污染物和当量值

### 一、第一类水污染物污染当量值

| 污染物 | 污染当量值（千克） |
|---|---|
| 1. 总汞 | 0.0005 |
| 2. 总镉 | 0.005 |
| 3. 总铬 | 0.04 |
| 4. 六价铬 | 0.02 |
| 5. 总砷 | 0.02 |
| 6. 总铅 | 0.025 |
| 7. 总镍 | 0.025 |
| 8. 苯并（a）芘 | 0.0000003 |
| 9. 总铍 | 0.01 |
| 10. 总银 | 0.02 |

### 二、第二类水污染物污染当量值

| 污染物 | 污染当量值（千克） | 备注 |
|---|---|---|
| 11. 悬浮物（SS） | 4 | |
| 12. 生化需氧量（BOD_5） | 0.5 | 同一排放口中的化学需氧量、生化需氧量和总有机碳，只征收一项 |
| 13. 化学需氧量（CODCR） | 1 | |
| 14. 总有机碳（TOC） | 0.49 | |
| 15. 石油类 | 0.1 | |
| 16. 动植物油 | 0.16 | |
| 17. 挥发酚 | 0.08 | |
| 18. 总氰化物 | 0.05 | |
| 19. 硫化物 | 0.125 | |
| 20. 氨氮 | 0.8 | |
| 21. 氟化物 | 0.5 | |
| 22. 甲醛 | 0.125 | |
| 23. 苯胺类 | 0.2 | |
| 24. 硝基苯类 | 0.2 | |

(续)

| 污染物 | 污染当量值（千克） | 备注 |
|---|---|---|
| 25. 阴离子表面活性剂（LAS） | 0.2 | |
| 26. 总铜 | 0.1 | |
| 27. 总锌 | 0.2 | |
| 28. 总锰 | 0.2 | |
| 29. 彩色显影剂（CD-2） | 0.2 | |
| 30. 总磷 | 0.25 | |
| 31. 单质磷（以P计） | 0.05 | |
| 32. 有机磷农药（以P计） | 0.05 | |
| 33. 乐果 | 0.05 | |
| 34. 甲基对硫磷 | 0.05 | |
| 35. 马拉硫磷 | 0.05 | |
| 36. 对硫磷 | 0.05 | |
| 37. 五氯酚及五酚钠（以五氯酚计） | 0.25 | |
| 38. 三氯甲烷 | 0.04 | |
| 39. 可吸附有机卤化物（AOX）（以CL计） | 0.25 | |
| 40. 四氯化碳 | 0.04 | |
| 41. 三氯乙烯 | 0.04 | |
| 42. 四氯乙烯 | 0.04 | |
| 43. 苯 | 0.02 | |
| 44. 甲苯 | 0.02 | |
| 45. 乙苯 | 0.02 | |
| 46. 邻-二甲苯 | 0.02 | |
| 47. 对-二甲苯 | 0.02 | |
| 48. 间-二甲苯 | 0.02 | |
| 49. 氯苯 | 0.02 | |
| 50. 邻二氯苯 | 0.02 | |
| 51. 对二氯苯 | 0.02 | |
| 52. 对硝基氯苯 | 0.02 | |
| 53. 2,4-二硝基氯苯 | 0.02 | |
| 54. 苯酚 | 0.02 | |
| 55. 间-甲酚 | 0.02 | |
| 56. 2,4-二氯酚 | 0.02 | |
| 57. 2,4,6-三氯酚 | 0.02 | |
| 58. 邻苯二甲酸二丁酯 | 0.02 | |
| 59. 邻苯二甲酸二辛酯 | 0.02 | |
| 60. 丙烯氰 | 0.125 | |
| 61. 总硒 | 0.02 | |

### 三、pH值、色度、大肠菌群数、余氯量水污染物污染当量值

| 污染物 | | 污染当量值 | 备注 |
|---|---|---|---|
| 1. pH值 | 1.0～1，13～14 | 0.06吨污水 | pH值5～6指大于等于5，小于6；pH值9～10指大于9，小于等于10，其余类推 |
| | 2.1～2，12～13 | 0.125吨污水 | |
| | 3.2～3，11～12 | 0.25吨污水 | |
| | 4.3～4，10～11 | 0.5吨污水 | |
| | 5.4～5，9～10 | 1吨污水 | |
| | 6.5～6 | 5吨污水 | |
| 2. 色度 | | 5吨水·倍 | |
| 3. 大肠菌群数（超标） | | 3.3吨污水 | 大肠菌群数和余氯量只征收一项 |
| 4. 余氯量（用氯消毒的医院废水） | | 3.3吨污水 | |

### 四、禽畜养殖业、小型企业和第三产业水污染物污染当量值

| 类型 | | 污染当量值 | 备注 |
|---|---|---|---|
| 禽畜养殖场 | 1. 牛 | 0.1头 | 仅对存栏规模大于50头牛、500头猪、5000羽鸡鸭等的禽畜养殖场征收 |
| | 2. 猪 | 1头 | |
| | 3. 鸡、鸭等家禽 | 30羽 | |
| 4. 小型企业 | | 1.8吨污水 | |
| 5. 饮食娱乐服务业 | | 0.5吨污水 | |
| 6. 医院 | 消毒 | 0.14床 | 医院病床数大于20张的按照本表计算污染当量数 |
| | | 2.8吨污水 | |
| | 不消毒 | 0.07床 | |
| | | 1.4吨污水 | |

注：本表仅适用于计算无法进行实际监测或者物料衡算的禽畜养殖业、小型企业和第三产业等小型排污者的水污染物污染当量数。

### 五、大气污染物污染当量值

| 污染物 | 污染当量值（千克） |
|---|---|
| 1. 二氧化硫 | 0.95 |
| 2. 氮氧化物 | 0.95 |
| 3. 一氧化碳 | 16.7 |
| 4. 氯气 | 0.34 |
| 5. 氯化氢 | 10.75 |
| 6. 氟化物 | 0.87 |
| 7. 氰化物 | 0.005 |
| 8. 硫酸雾 | 0.6 |
| 9. 铬酸雾 | 0.0007 |
| 10. 汞及其化合物 | 0.0001 |

（续）

| 污染物 | 污染当量值（千克） |
|---|---|
| 11. 一般性粉尘 | 4 |
| 12. 石棉尘 | 0.53 |
| 13. 玻璃棉尘 | 2.13 |
| 14. 炭黑尘 | 0.59 |
| 15. 铅及其化合物 | 0.02 |
| 16. 镉及其化合物 | 0.03 |
| 17. 铍及其化合物 | 0.0004 |
| 18. 镍及其化合物 | 0.13 |
| 19. 锡及其化合物 | 0.17 |
| 20. 烟尘 | 2.18 |
| 21. 苯 | 0.05 |
| 22. 甲苯 | 0.18 |
| 23. 二甲苯 | 0.27 |
| 24. 苯并（a）芘 | 0.000002 |
| 25. 甲醛 | 0.09 |
| 26. 乙醛 | 0.45 |
| 27. 丙烯醛 | 0.06 |
| 28. 甲醇 | 0.67 |
| 29. 酚类 | 0.35 |
| 30. 沥青烟 | 0.19 |
| 31. 苯胺类 | 0.21 |
| 32. 氯苯类 | 0.72 |
| 33. 硝基苯 | 0.17 |
| 34. 丙烯腈 | 0.22 |
| 35. 氯乙烯 | 0.55 |
| 36. 光气 | 0.04 |
| 37. 硫化氢 | 0.29 |
| 38. 氨 | 9.09 |
| 39. 三甲胺 | 0.32 |
| 40. 甲硫醇 | 0.04 |
| 41. 甲硫醚 | 0.28 |
| 42. 二甲二硫 | 0.28 |
| 43. 苯乙烯 | 25 |
| 44. 二硫化碳 | 20 |

（续）

### 表3　IPCC推荐使用的生物量转换因子（BEF）

| 编号 | a | b | 森林类型 | $R^2$ | 备注 |
|---|---|---|---|---|---|
| 1 | 0.46 | 47.50 | 冷杉、云杉 | 0.98 | 针叶树种 |
| 2 | 1.07 | 10.24 | 桦木 | 0.70 | 阔叶树种 |
| 3 | 0.74 | 3.24 | 木麻黄 | 0.95 | 阔叶树种 |
| 4 | 0.40 | 22.54 | 杉木 | 0.95 | 针叶树种 |
| 5 | 0.61 | 46.15 | 柏木 | 0.96 | 针叶树种 |
| 6 | 1.15 | 8.55 | 栎类 | 0.98 | 阔叶树种 |
| 7 | 0.89 | 4.55 | 桉树 | 0.80 | 阔叶树种 |
| 8 | 0.61 | 33.81 | 落叶松 | 0.82 | 针叶树种 |
| 9 | 1.04 | 8.06 | 樟木、楠木、槠、青冈 | 0.89 | 阔叶树种 |
| 10 | 0.81 | 18.47 | 针阔混交林 | 0.99 | 混交树种 |
| 11 | 0.63 | 91.00 | 檫树落叶阔叶混交林 | 0.86 | 混交树种 |
| 12 | 0.76 | 8.31 | 杂木 | 0.98 | 阔叶树种 |
| 13 | 0.59 | 18.74 | 华山松 | 0.91 | 针叶树种 |
| 14 | 0.52 | 18.22 | 红松 | 0.90 | 针叶树种 |
| 15 | 0.51 | 1.05 | 马尾松、云南松 | 0.92 | 针叶树种 |
| 16 | 1.09 | 2.00 | 樟子松 | 0.98 | 针叶树种 |
| 17 | 0.76 | 5.09 | 油松 | 0.96 | 针叶树种 |
| 18 | 0.52 | 33.24 | 其他松林 | 0.94 | 针叶树种 |
| 19 | 0.48 | 30.60 | 杨树 | 0.87 | 阔叶树种 |
| 20 | 0.42 | 41.33 | 铁杉、柳杉、油杉 | 0.89 | 针叶树种 |
| 21 | 0.80 | 0.42 | 热带雨林 | 0.87 | 阔叶树种 |

注：资料来源：引自（Fang 等，2001）；生物量转换因子计算公式为：$B=aV+b$，其中 $B$ 为单位面积生物量，$V$ 为单位面积蓄积量，a、b 为常数；表中 $R^2$ 为相关系数。

### 表4　不同树种组单木生物量模型及参数

| 序号 | 公式 | 树种组 | 建模样本数 | 模型参数 a | 模型参数 b |
|---|---|---|---|---|---|
| 1 | $B/V=a(D^2H)^b$ | 杉木类 | 50 | 0.788432 | −0.069959 |
| 2 | $B/V=a(D^2H)^b$ | 马尾松 | 51 | 0.343589 | 0.058413 |
| 3 | $B/V=a(D^2H)^b$ | 南方阔叶类 | 54 | 0.889290 | −0.013555 |
| 4 | $B/V=a(D^2H)^b$ | 红松 | 23 | 0.390374 | 0.017299 |
| 5 | $B/V=a(D^2H)^b$ | 云冷杉 | 51 | 0.844234 | −0.060296 |
| 6 | $B/V=a(D^2H)^b$ | 落叶松 | 99 | 1.121615 | −0.087122 |
| 7 | $B/V=a(D^2H)^b$ | 胡桃楸、黄波罗 | 42 | 0.920996 | −0.064294 |
| 8 | $B/V=a(D^2H)^b$ | 硬阔叶类 | 51 | 0.834279 | −0.017832 |
| 9 | $B/V=a(D^2H)^b$ | 软阔叶类 | 29 | 0.471235 | 0.018332 |

注：资料来源：引自（李海奎和雷渊才，2010）。

### 表 5 黑河市生态空间生态产品价值量评估社会公共数据

| 编号 | 名称 | 单位 | 出处值 | 2018价格 | 来源及依据 |
|---|---|---|---|---|---|
| 1 | 水资源市场交易价格 | 元/立方米 | 7.47 | 7.47 | 黑龙江省2018年水资源市场交易价格平均值 |
| 2 | 水的净化费用 | 元/立方米 | 2.40 | 2.40 | 根据黑龙江省物价局网站，黑龙江省居民用水的平均价格 |
| 3 | 挖取单位面积土方费用 | 元/立方米 | 42.00 | 73.00 | 根据2002年黄河水利出版社出版《中华人民共和国水利部水利建筑工程预算定额》（上册）中人工挖土方Ⅰ和Ⅱ类土类每100立方米需42工时，人工费依据黑龙江省《建设工程工程量清单计价规范》取100元/工日 |
| 4 | 磷酸二铵含氮量 | % | 14.00 | 14.00 | 化肥产品说明 |
| 5 | 磷酸二铵含磷量 | % | 15.01 | 15.01 | |
| 6 | 氯化钾含钾量 | % | 50.00 | 50.00 | |
| 7 | 磷酸二铵化肥价格 | 元/吨 | 3060.00 | 3886.58 | 根据中国化肥网（http://www.fert.cn）2008年黑龙江省化肥价格贴现至2018年 |
| 8 | 氯化钾化肥价格 | 元/吨 | 2350.00 | 3311.92 | |
| 9 | 有机质价格 | 元/吨 | 850.00 | 943.06 | 有机质价格根据中国供应商网（http://cn.china.cn/）2014年鸡粪有机肥平均价格价格贴现至2018年 |
| 10 | 固碳价格 | 元/吨 | 855.40 | 932.96 | 采用2013年瑞典碳税价格：136美元/吨二氧化碳，人民币对美元汇率按照2018年平均汇率6.86计算 |
| 11 | 制造氧气价格 | 元/吨 | 1000 | 1593.52 | 采用中华人民共和国国家卫生和计划生育委员会网站（http://www.nhfpc.gov.cn/）2007年春季氧气平均价格（1000元/吨），根据价格指数（医药制造业）折算为2013年的现价为1299.07元/吨，再根据贴现率转换为2018年的现价 |
| 12 | 负离子生产费用 | 元/$10^{18}$个 | 8.23 | 8.23 | 根据企业生产的适用范围30平方米（房间高3米）、功率为6瓦、负离子浓度1000000个/立方米、使用寿命为10年、价格每个65元的KLD-2000型负离子发生器而推断获得，其中负离子寿命为10分钟；根据黑龙江省物价局官方网站黑龙江省电网销售电价，居民生活用电现行价格为0.61元/千瓦时 |

（续）

| 编号 | 名称 | 单位 | 出处值 | 2018价格 | 来源及依据 |
|---|---|---|---|---|---|
| 13 | 二氧化硫治理费用 | 元/千克 | 1.26 | 1.28 | 结合大气污染物污染当量值和黑龙江省应税污染物应税额度计算得到 |
| 14 | 氟化物治理费用 | 元/千克 | 1.38 | 1.42 | |
| 15 | 氮氧化物治理费用 | 元/千克 | 1.26 | 1.41 | |
| 16 | 降尘清理费用 | 元/千克 | 0.30 | 0.33 | |
| 17 | $PM_{10}$清理费用 | 元/千克 | 2.03 | 2.03 | 结合大气污染物污染当量值中炭黑尘污染当量值和黑龙江省应税污染物应税额度计算得到 |
| 18 | $PM_{2.5}$清理费用 | 元/千克 | 2.03 | 2.03 | |
| 19 | 草方格人工铺设价格 | 元/公顷 | 4550 | 4550 | 根据甘肃和内蒙古两地草方格治沙工程费用计算得出，其中人工每人每天能够铺设草方格1亩，每公顷草方格所需稻草等材料费2000元，人工费依据黑龙江省《建设工程工程量清单计价规范》取130元/工日计算 |
| 20 | 稻谷价格 | 元/千克 | 3.60 | 3.60 | 根据黑龙江省物价局官方网站2018年稻谷最低收购价格 |
| 21 | 生物多样性保护价值 | [元/（公顷·年）] | — | | 根据Shannon-Wiener指数计算生物多样性保护价值，即：<br>Shannon-Wiener指数<1时，$S_{生}$为3000[元/（公顷·年）]；<br>1≤Shannon-Wiener指数<2，$S_{生}$为5000[元/（公顷·年）]；<br>2≤Shannon-Wiener指数<3，$S_{生}$为10000[元/（公顷·年）]；<br>3≤Shannon-Wiener指数<4，$S_{生}$为20000[元/（公顷·年）]；<br>4≤Shannon-Wiener指数<5，$S_{生}$为30000[元/（公顷·年）]；<br>5≤Shannon-Wiener指数<6，$S_{生}$为40000[元/（公顷·年）]；<br>指数≥6时，$S_{生}$为50000[元/（公顷·年）] |

# "中国山水林田湖草生态产品监测评估及绿色核算"系列丛书目录*

1. 安徽省森林生态连清与生态系统服务研究，出版时间：2016年3月
2. 吉林省森林生态连清与生态系统服务研究，出版时间：2016年7月
3. 黑龙江省森林生态连清与生态系统服务研究，出版时间：2016年12月
4. 上海市森林生态连清体系监测布局与网络建设研究，出版时间：2016年12月
5. 山东省济南市森林与湿地生态系统服务功能研究，出版时间：2017年3月
6. 吉林省白石山林业局森林生态系统服务功能研究，出版时间：2017年6月
7. 宁夏贺兰山国家级自然保护区森林生态系统服务功能评估，出版时间：2017年7月
8. 陕西省森林与湿地生态系统治污减霾功能研究，出版时间：2018年1月
9. 上海市森林生态连清与生态系统服务研究，出版时间：2018年3月
10. 辽宁省生态公益林资源现状及生态系统服务功能研究，出版时间：2018年10月
11. 森林生态学方法论，出版时间：2018年12月
12. 内蒙古呼伦贝尔市森林生态系统服务功能及价值研究，出版时间：2019年7月
13. 山西省森林生态连清与生态系统服务功能研究，出版时间：2019年7月
14. 山西省直国有林森林生态系统服务功能研究，出版时间：2019年7月
15. 内蒙古大兴安岭重点国有林管理局森林与湿地生态系统服务功能研究与价值评估，出版时间：2020年4月
16. 山东省淄博市原山林场森林生态系统服务功能及价值研究，出版时间：2020年4月
17. 广东省林业生态连清体系网络布局与监测实践，出版时间：2020年6月
18. 森林氧吧监测与生态康养研究——以黑河五大连池风景区为例，出版时间：2020年7月
19. 辽宁省森林、湿地、草地生态系统服务功能评估，出版时间：2020年7月
20. 贵州省森林生态连清监测网络构建与生态系统服务功能研究，出版时间：2020年12月

\* 本套丛书中1~20种原丛书名为"中国森林生态系统连续观测与清查及绿色核算"系列丛书

21. 云南省林草资源生态连清体系监测布局与建设规划，出版时间：2021 年 8 月

22. 云南省昆明市海口林场森林生态系统服务功能研究，出版时间：2021 年 9 月

23. "互联网＋生态站"：理论创新与跨界实践，出版时间：2021 年 11 月

24. 东北地区森林生态连清技术理论与实践，出版时间：2021 年 11 月

25. 天然林保护修复生态监测区划和布局研究，出版时间：2022 年 2 月

26. 湖南省森林生态连清与生态系统服务功能研究，出版时间：2022 年 4 月

27. 国家退耕还林工程生态监测区划和布局研究，出版时间：2022 年 5 月

28. 河北省秦皇岛市森林生态产品绿色核算与碳中和评估，出版时间：2022 年 6 月

29. 内蒙古森工集团生态产品绿色核算与森林碳中和评估，出版时间：2022 年 9 月

30. 黑河市生态空间绿色核算与生态产品价值评估，出版时间：2022 年 11 月